北京理工大学"双一流"建设精品出版工程

新型火工药剂
理论与技术

The Theory and Technology of New Initiating Explosives

杨　利　张同来 ◎ 编著

北京理工大学出版社
BEIJING INSTITUTE OF TECHNOLOGY PRESS

版权专有　侵权必究

图书在版编目（CIP）数据

新型火工药剂理论与技术/杨利，张同来编著．—北京：北京理工大学出版社，2019.5（2025.1重印）

ISBN 978-7-5640-9684-7

Ⅰ.①新…　Ⅱ.①杨…②张…　Ⅲ.①火工品-药剂学　Ⅳ.①TQ560.7

中国版本图书馆CIP数据核字（2018）第265424号

出版发行 / 北京理工大学出版社有限责任公司
社　　址 / 北京市海淀区中关村南大街5号
邮　　编 / 100081
电　　话 / (010) 68914775（总编室）
　　　　　 (010) 82562903（教材售后服务热线）
　　　　　 (010) 68948351（其他图书服务热线）
网　　址 / http：// www.bitpress.com.cn
经　　销 / 全国各地新华书店
印　　刷 / 北京虎彩文化传播有限公司
开　　本 / 787毫米×1092毫米　1/16
印　　张 / 9　　　　　　　　　　　　　　　　　责任编辑 / 王玲玲
字　　数 / 209千字　　　　　　　　　　　　　　文案编辑 / 王玲玲
版　　次 / 2019年5月第1版　2025年1月第3次印刷　责任校对 / 周瑞红
定　　价 / 38.00元　　　　　　　　　　　　　　责任印制 / 李志强

图书出现印装质量问题，请拨打售后服务热线，本社负责调换

前言

随着武器系统、航空航天系统和民用爆破系统向高可靠性、高安全性的方向发展，要求火工品具有更高的技术通用性和高科技技术应用性。火工品的发展是兵器科学与技术学科的一个重要研究方向，火工药剂是火工品专用的特种含能材料，也是含能材料的首发能源材料。它的作用是接受火工品换能元给出的微弱刺激能量，发生快速化学反应，输出燃烧、爆燃或爆炸能量，使火工品实现点火、传火、引爆、传爆、延期、动力做功及烟火效应。火工药剂是弹药系统中最敏感的化学能源，是一种高敏感性、高安全性、高可靠性和高反应速度的亚稳态材料。

火工药剂技术涉及化学、化学工程、物理学、材料学及力学等诸多领域，具有多学科性特点。本书作为火工药剂领域的一部基础性、专业性书籍，在总结归纳火工药剂发展历史和性能特点的基础上，详细论述了火工药剂的基础知识和综合理论。结合近几年来国内外在火工药剂方面不断推出的新品种，分别从火工药剂的分子结构、物理性质、化学性质、热分解性能、感度性能、起爆性能和销毁方法等方面进行全面阐述。

全书共分8章：第1章概述了火工药剂的概念、种类和发展历史；第2～4章分别阐述了火工药剂的相关基础知识和综合理论；第5～8章分别讲述了叠氮化物类起爆药、硝基酚类起爆药、含能配合物类起爆药、杂环类起爆药4类不同起爆药品种的物理性质、化学性质、制备方法与爆炸性能等。

本书由杨利教授与张同来教授共同撰写完成，全书由杨利教授统稿。第2、3章由佟文超老师负责整理；同时，在素材整理、图表和文字处理等方面，仇好博士、姜雨彤博士、宋乃孟博士、张国英博士、王乾有博士、刘剑超博士、许瑞硕士、王虹阳硕士、荣晶晶硕士给予了大量的帮助；侯佳杏在书稿的修正方面做出了一些工作，在此一并表示衷心的感谢。

本书参考了大量的学术专著和论文，在此对所参考文献的作者致以衷心的谢意。本书的出版得到了爆炸科学与技术国家重点实验室的资助，在此表示感谢！

本书尝试在原有火工药剂的基础知识和综合理论的基础上，增加了新型火工药剂理论与技术的阐述，紧跟火工药剂不断创新的知识体系，为广大读者领会新理论、新技术提供基础帮助，但由于作者的水平有限，加之火工药剂领域不断更新，书中难免有一些缺点和不足，真诚希望读者不吝赐教，提出宝贵的改进意见。

目录 CONTENTS

第1章 概论 ··· 001
  1.1 火工药剂的概述 ·· 001
    1.1.1 火工药剂的概念 ·· 001
    1.1.2 火工药剂的本征特点 ·· 001
  1.2 火工药剂的种类 ·· 001
    1.2.1 火工药剂的分类 ·· 001
    1.2.2 火工药剂的特征基团 ·· 002
  1.3 火工药剂的发展历史 ··· 003
  1.4 火工药剂的基础性能 ··· 005
    1.4.1 起爆药的起爆能力 ··· 005
    1.4.2 火工药剂的燃烧转爆轰 ·· 006
  1.5 安全防护措施 ·· 007

第2章 火工药剂热分析理论与技术 ··································· 009
  2.1 火工药剂的热分析方法 ·· 009
    2.1.1 热重法 ·· 009
    2.1.2 量热法 ·· 010
    2.1.3 量气法 ·· 012
    2.1.4 快速裂解/红外分析法 ·· 014
  2.2 火工药剂的热分析理论 ·· 015
    2.2.1 非定温动力学模型 ·· 016
    2.2.2 定温动力学模型 ··· 017

2.3　火工药剂的安定性 …… 018
2.4　火工药剂的相容性 …… 019
2.5　火工药剂的贮存寿命 …… 021
 2.5.1　火工药剂贮存寿命机理 …… 021
 2.5.2　火工药剂贮存寿命数学模型 …… 021

第3章　火工药剂感度的特征 …… 023
3.1　感度的基本知识 …… 023
 3.1.1　感度的概念及特征 …… 023
 3.1.2　感度的评价方法 …… 024
3.2　感度的测试方法 …… 024
 3.2.1　热感度 …… 024
 3.2.2　机械感度 …… 026
 3.2.3　静电感度 …… 029
 3.2.4　激光感度 …… 032

第4章　火工药剂晶形控制技术 …… 033
4.1　结晶基本原理 …… 033
 4.1.1　晶核生成 …… 033
 4.1.2　晶体成长 …… 034
4.2　晶形控制技术 …… 035
4.3　晶形控制剂 …… 037

第5章　叠氮类起爆药 …… 039
5.1　叠氮化铅 …… 039
 5.1.1　物理性质 …… 039
 5.1.2　化学性质 …… 041
 5.1.3　制备方法 …… 043
 5.1.4　销毁处理 …… 044
 5.1.5　爆炸性能 …… 045
 5.1.6　自爆现象与机理 …… 048
 5.1.7　改性叠氮化铅 …… 049
5.2　叠氮化铜 …… 050

5.2.1	物理性质	050
5.2.2	化学性质	051
5.2.3	制备方法	051
5.2.4	销毁处理	051
5.2.5	爆炸性能	052
5.2.6	改性叠氮化铜	052
5.3	其他叠氮化物	054

第6章 硝基酚类起爆药 ········ 057

6.1	硝基酚的基本知识	057
6.1.1	三硝基苯酚	058
6.1.2	三硝基间苯二酚	060
6.1.3	三硝基均苯三酚	062
6.1.4	硝基酚盐	062
6.2	三硝基间苯二酚铅	064
6.2.1	物理性质	064
6.2.2	化学性质	065
6.2.3	制备方法	065
6.2.4	爆炸性能	066
6.2.5	改性斯蒂芬酸铅	068
6.3	二硝基重氮酚	071
6.3.1	物理性质	071
6.3.2	化学性质	071
6.3.3	制备方法	072
6.3.4	爆炸性能	074
6.3.5	废水处理	076
6.4	二硝基苯并氧化呋咱钾	077
6.4.1	物理性质	077
6.4.2	制备方法	077
6.4.3	爆炸性能	079

第7章 配合物类起爆药 ········ 080

7.1	硝酸肼镍	080

7.1.1 物理性质 ………………………………………………………………… 080
7.1.2 化学性质 ………………………………………………………………… 081
7.1.3 制备方法 ………………………………………………………………… 082
7.1.4 爆炸性能 ………………………………………………………………… 083
7.2 高氯酸三碳酰肼合镉 …………………………………………………………… 084
7.2.1 物理性质 ………………………………………………………………… 084
7.2.2 化学性质 ………………………………………………………………… 086
7.2.3 制备方法 ………………………………………………………………… 088
7.2.4 销毁处理 ………………………………………………………………… 090
7.2.5 爆炸性能 ………………………………………………………………… 090
7.3 高氯酸三碳酰肼合锌 …………………………………………………………… 095
7.3.1 物理性质 ………………………………………………………………… 095
7.3.2 化学性质 ………………………………………………………………… 098
7.3.3 制备方法 ………………………………………………………………… 100
7.3.4 销毁处理 ………………………………………………………………… 100
7.3.5 热分解性能 ……………………………………………………………… 101
7.3.6 爆炸性能 ………………………………………………………………… 103

第8章 杂环类起爆药 …………………………………………………… 108

8.1 CP ……………………………………………………………………………… 108
8.1.1 物理性质 ………………………………………………………………… 108
8.1.2 制备反应原理 …………………………………………………………… 109
8.1.3 制备反应工艺 …………………………………………………………… 109
8.1.4 爆炸性能 ………………………………………………………………… 110
8.2 BNCP …………………………………………………………………………… 111
8.2.1 物理性质 ………………………………………………………………… 111
8.2.2 制备反应原理 …………………………………………………………… 111
8.2.3 制备反应工艺 …………………………………………………………… 112
8.2.4 爆炸性能 ………………………………………………………………… 112
8.3 四氮烯 ………………………………………………………………………… 113
8.3.1 物理性质 ………………………………………………………………… 113
8.3.2 化学性质 ………………………………………………………………… 113
8.3.3 制备反应原理 …………………………………………………………… 114

8.3.4	制备反应工艺	114
8.3.5	爆炸性能	114
8.4	四唑起爆药	116
8.4.1	5-氨基四唑	117
8.4.2	5-硝基四唑	118
8.4.3	5-肼基四唑	119
8.4.4	1,5-二氨基四唑	121
8.4.5	5-硝基四唑汞及其金属盐	123
8.4.6	高氯酸氨基四唑二银	125

参考文献 128

第1章
概　　论

1.1 火工药剂的概述

1.1.1 火工药剂的概念

火工药剂是指装填于火工品中的具有起爆、点火、延期、做功等功能的药剂总称。火工品是一种小型的爆炸元器件，被广泛地应用于各种武器系统、爆炸成型、航空航天、空间站及民用爆破器材等领域中。它能在一定的外界能量激发作用下，快速发生燃烧、爆炸等化学反应，并对外界释放能量，以获得某种化学物理效应或机械效应。

1.1.2 火工药剂的本征特点

火工药剂由于其自身的作用特点，必须具备以下特点：
① 有合适的特定感度性能，能在适当的外界刺激下被激发而产生做功。
② 有稳定的基本物理化学性质、高度的安定性和相容性，满足于生产、使用及贮存等条件的要求。
③ 具有良好的流散性、均匀性和压药性等装药工艺性能，满足于火工品的装药要求，并保证发火的可靠性。
④ 具有可靠的特定输出性能，能够实现下一级装药的点火、起爆、传爆等功能，满足火工品的对外做功要求。
⑤ 生产原料易得，制备方法简便，生产操作过程安全，生产工艺满足环保的排放标准。

1.2 火工药剂的种类

1.2.1 火工药剂的分类

火工药剂可以根据火工品的性能要求，实现能量转换，输出不同形式的能量，如爆轰、爆燃或燃烧。根据本身发生固体快速反应时进行的能量转换形式的不同，可以分为起爆药、击发药、针刺药、点火药和延期药等。其中起爆药发生快速反应，能量转换做功输出的是爆轰；击发药、针刺药发生快速反应，能量转换做功输出的是爆燃；点火药、延期药发生快速反应，能量转换做功输出的是燃烧。

火工药剂根据药剂的组分，分为单质火工药剂和混合火工药剂。单质火工药剂通常指单质起爆药，它是一种单一化学成分的药剂，其分子内部含有特征爆炸基团或敏感的含能基团。传统的单质起爆药一直以来都是火工品的主要应用类型，包括重氮化合物类（如硝基重氮苯、二硝基重氮酚、硝基重氮苯高氯酸盐等）、叠氮化合物类（如叠氮化铅、叠氮化银、三硝基三叠氮苯等）、长链或环状多氮化合物类（如四氮烯、硝基唑、重氮胺基唑等）、硝基酚类的重金属盐（如苦味酸铅、斯蒂芬酸铅等）、乙炔的金属衍生物（如乙炔银、乙炔铜等）、有机过氧化物（如过氧化丙酮、六次甲基二胺过氧化物等）、重金属氯酸盐或高氯酸盐及其与肼络合配位化合物等。其中，叠氮化铅（LA）、斯蒂芬酸铅（LTNR）、四氮烯（TTZ）、二硝基重氮酚（DDNP）、硝酸肼镍（NNH）、高氯酸四氨·双(5-硝基四唑)合钴（BNCP）、高氯酸三碳酰肼合锌（GTX）是最常用的几种单质火工药剂。

混合火工药剂是由几种不同组分的药剂通过干混、湿混等物理方法及包覆、包结、共沉淀、共晶等化学方法制成的一大类火工药剂。按激发方式的不同，混合火工药剂又可分为击发药、针刺药、点火药、延期药，这些药剂可以根据不同的做功能力与装药结构等需求进行组分的调整。在混合火药剂中，以单质起爆药为重要组成部分，辅助的药剂可包括氧化剂、还原剂、可燃剂、敏化剂和黏合剂等。由此可以看出单质起爆药在分子结构上具有明显的爆炸基团，在混合火工药剂中仍然发挥着不可替代的重要作用。

1.2.2 火工药剂的特征基团

单质的火工药剂在受外界能量刺激时，引发爆炸反应的本质原因是化学键的断裂，故其分子结构中所含基团的稳定性对火工药剂的感度有着重要的影响。在常规单质火工药剂分子中，大都含有各种不稳定的基团，而它们的性质、数量及所在位置决定着火工药剂的感度。表1.1介绍了部分火工药剂中含有的主要特征基团。

表1.1 火工药剂的主要特征基团

序号	化合物种类	特征基团	典型代表
1	重氮化合物	$-C-N\equiv N^+X^-$，$N\equiv Cl_3$ 和 $N\equiv I_3$	二硝基重氮酚（DDNP）、卤化重氮盐
2	叠氮化合物	$-N\equiv N\equiv N-$	叠氮化铅（LA）、叠氮化银
3	乙炔的金属衍生物	$(-C\equiv C-)$	乙炔银、乙炔铜
4	硝基酚类重金属化合物	苦味酸结构（O_2N、NO_2、O^-、NO_2）	苦味酸铅（LPA）、三硝基间苯二酚铅（LTNR）
5	金属配合物	$[M(L)_x]A_y$，$A = ClO_4^-$、NO_3^- 或 N_3^-	NHN、BNCP、GTG、GTX

续表

序号	化合物种类	特征基团	典型代表
6	多氮化合物	不饱和氮烯烃或四唑含杂原子直链或环状结构	四氮烯（TTZ）、三唑、四唑、四嗪、呋咱类化合物
7	有机过氧化物	—O—O—O—	过氧丙酮
8	其他类别	—NH—NO$_2$	硝胺化合物

1.3 火工药剂的发展历史

火工药剂来源于火药，火药的主要成分为"一硫、二硝、三木炭"，并且其中的木炭主要是指来自大自然的柳木、麻秆、柞木和桦木等。火药具有响声清脆悦耳、火花炫目好看、燃烧反应迅速等主要特征。火药是由中国古代的炼丹家发明的，从战国至汉初，帝王贵族们沉醉于神仙长生不老的幻想，驱使一些方士道士炼"仙丹"（图1.1），在炼制过程中逐渐发明了火药的配方。据史书记载，我国古代的炼丹家在长期的炼制丹药过程中，发现硝、硫黄和木炭的混合物能够燃烧爆炸，由此诞生了中国古代四大发明之一的火药。公元808年，唐朝炼丹家清虚子撰写了《太上圣祖金丹秘诀》，其中的"伏火矾法"是世界上最早的关于火药的文字记载，中国学术界由此认为火药的发明不晚于宋朝，且中国是最早发明火药的国家。

图1.1 方士道士炼"仙丹"

早在2 000多年前的春秋战国时期，世界上最早的以抛石块杀伤敌人的兵器就已经由中国人制造出来了，这也是"火炮"的始祖"抛石机"。在《范蠡兵法》中有着关于炮的最早记载："飞石重十二斤，为机发，行二千步。"在汉代著名的"官渡之战"中，曹操曾用"霹雳车"击败袁绍，这种"霹雳车"就是古代的石炮。但是在宋代之前，石炮的使用规模还是非常有限的。北宋曾公亮等人于1044年编著了军事名著《武经总要》，其中就已经记载了多种火药武器和火炮火药的配制方法。

黑火药是在晚唐（9 世纪末）时候才正式出现的，其主要由 75% 的硝酸钾、10% 的硫黄和 15% 的木炭混合制成的火药，为黑色粒状，如图 1.2 所示。黑火药燃烧发生反应时，硝酸钾分解放出的氧气，使木炭和硫黄剧烈燃烧，瞬间产生大量的热和氮气、二氧化碳等气体。据测，每 4 g 黑火药着火燃烧时，大约可以产生 280 L 气体，体积可膨胀近万倍。在有限的空间里，气体迅速生成并受热膨胀引起爆炸。在爆炸时，固体生成物的微粒分散在气体

图 1.2　黑火药的外观

里，产生大量的烟雾。因此，黑火药主要作为起爆药、点火药、传火药等，被广泛地应用于烟火、导火线、炮膛、弹丸等装置中。

1899 年，霍华德制备出了雷汞；1914 年，雷汞开始被用于制造火帽。雷汞是最早被人们使用的起爆药，学名雷酸汞，分子式为 $Hg(ONC)_2$。它是由汞（水银）和硝酸作用生成硝酸汞，然后硝酸汞再与乙醇作用制得的，这样制得的雷汞为灰雷汞。当在反应过程中加入少量的盐酸和铜时，制得的雷汞为白雷汞。雷汞外观为白色或灰色结晶，军用多为纯度高的白雷汞。雷汞比较怕潮，当含水分 5% 的雷汞受撞击时，仅局部爆炸；当含水分 30% 的雷汞受撞击时，则会失效。雷汞热安定性较差，常温下尚安定，在 40～50 ℃ 以上时长期库存易分解。当温度高于 100 ℃ 时，易发生自爆。雷汞对冲击、摩擦、火焰及电火花都比较敏感。5 min 发火点为 170～180 ℃，5 s 发火点为 210 ℃。雷汞适合装填在手榴弹、地雷及爆破雷管中，也可以用作火帽击发药。雷汞由于汞污染的存在，目前已经完全被无汞起爆药所替代。

1891 年，T. Curtius 首先制得了叠氮化铅。1907 年，法国 Hyronimlle 获得在工业上应用的专利权。1920 年，叠氮化铅开始在民用方面得到了应用，慢慢取代其他起爆药。1931 年，美国正式将叠氮化铅用于军品。受叠氮化铅晶形与感度的限制，后期逐渐发展了糊精、聚乙烯醇、羧甲基纤维素等包覆或改性的叠氮化铅新品种。各国也纷纷将叠氮化铅加入军事标准或民用标准，其成为当前用于武器系统与民用爆破器材等火工品的主要起爆药品种。与叠氮化铅相比，同期发现的其他叠氮化物，如叠氮化银、叠氮化铜等，由于感度过高、稳定性差或成本因素高等原因，并未得到广泛应用。

三硝基间苯二酚铅于 1914 年由 F. Yon Herz 首次制得。1920 年，德国将其作为起爆药，用于雷管装药。苏联将其定名为斯蒂芬酸铅，主要用于击发药组分，该药火焰感度好，机械感度低，特别适用于与叠氮化铅一起作雷管的混合装药。在击发药、针刺药和电点火头中，主要起引燃作用。但是其静电感度极高，给这种药剂的生产与使用带来了较大的安全隐患，在单独使用时，要注意防止静电引起的爆炸。

四氮烯（特屈儿）由 Hoffman 和 Roth 于 1914 年首次制得。1931 年后，W. E. Rinkenback 和 O. Burton 对四氮烯进行了深入的研究，介绍了它的制造工艺和爆炸性能。四氮烯是一种弱起爆药，一般不单独使用起爆猛炸药，它在摩擦时极易起爆，且爆炸产物不留残渣，常在无锈蚀击发药中作为敏感剂和增强剂使用。

高氯酸五氨·[2-（5-氰基四唑）]合钴和高氯酸四氨·双（5-硝基四唑）合钴

是一类性能稳定的起爆药品种，它们具有较好的热稳定性（前者270 ℃，后者237 ℃），且具有较高的能量。高氯酸四氨·双（5 - 硝基四唑）合钴已被广泛地应用于激光火工品中。

随着对新型起爆药研发力度的增加，广大的科研工作者从分子结构的设计出发，研制不同系列的化合物，希望从中发现高能起爆药新品种。如2011年，Michael D. Williams等人制备了热稳定性良好且具备起爆能力的4,6 - 二硝基 - 7 - 羟基苯并氧化呋咱钾和5 - 硝基四唑亚铜。2014年，Thomas M. Klapçtke等人制备的1,1′ - 二硝胺基 - 5,5′ - 双四唑钾和1,5 - 二硝胺基四唑钾都有着较高的感度和良好的爆炸性能。2015年，JeanIne M. Shreeve等人制备的4,5 - 二硝甲基氧化呋咱钾和3 - 氨基 - 5 - 硝胺基 - 1,2,4 - 噁二唑具备合适的感度和氧平衡。新合成的化合物大多具有多硝基多氮杂环结构，该类化合物对外界刺激较为敏感，如何将它们应用于火工药剂中还有待于进一步的研究。

同时，各国研究人员也在对传统的起爆药进行制备工艺的改进。如将晶形控制剂应用于起爆药合成中，以期改变起爆药的晶体形貌，提高装药的流散性，增加药剂的稳定性；将一些碳材料掺杂到传统起爆药中，以期减少静电电荷的积累，保障药剂的安全性。

这些研究极大地推进了火工药剂技术领域的发展，使得火工药剂无论从分子结构上还是性能指标上，都反映了当前技术的革新。火工药剂的新品种研发与起爆性能的改进一直以来都是科学工作者的研究热点。

1.4　火工药剂的基础性能

1.4.1　起爆药的起爆能力

起爆药需要具有燃烧迅速转爆轰的性能，但能否实际用作起爆药，还取决于它的起爆能力。所谓的起爆能力，就是指起爆药在爆炸后，能够引燃其他猛炸药实现稳定爆轰的能力。起爆药的起爆能力越强，药剂达到稳定爆轰所需爆速成长期越短。起爆过程中消耗药量的多少是衡量一种药剂起爆性能的重要指标。

极限起爆药量指能起爆猛炸药的最小起爆药量。通常以能引爆20 ~ 30 mg的结晶黑索金（RDX）且达到稳定爆轰时所需的最小起爆药量，为该药剂的极限起爆药量。具体的试验方法为：① 将被测起爆药、三硝基间苯二酚铅、黑索金分别放入水浴烘箱中，在（60 ± 2）℃的温度下烘2 h，取出，放入干燥器中冷却至室温，备用。② 用分析天平称取经①处理的黑索金0.030 g，准确至0.000 2 g，置于铜管壳（直径为5.1 mm，高为8.2 mm）中，以117.6 MPa的压力压药。③ 分别称取经①处理的三硝基间苯二酚铅（对于直接能被电点火头点燃的被测药剂，可以不用三硝基间苯二酚铅作点火药）0.030 g、被测起爆药和黑索金0.020 g，准确至0.000 2 g，依次置于带有绸垫的铝加强帽内，以49.0 MPa的压力压药，并做好记录。④ 称取黑索金0.020 g，准确至0.000 2 g，并依次将黑索金和经③压好药的铝加强帽装入②铜管壳内，并以49.0 MPa的压力压制成试样数发，并编号，记录每一编号的被测起爆药质量，备用。极限起爆药试验装置如图1.3所示。

经点火起爆后，测量试样在铅板上的炸孔。炸孔直径不小于试样外径时为全爆，小于试样外径时半爆。若连续试验数发试样均全爆，则需要适当减少被测起爆药的药量再进行试验；若试样有半爆，应适当增加被测药剂的药量，直至找到数发试样连续试验均为全爆时为止，此时所需要的起爆药药量即为极限起爆药药量。图1.4为极限药量测试过程试验图。

起爆能力大的起爆药，适合装填于小型雷管中。如叠氮化铅的爆炸变化加速度大，其起爆能力也大，使用时极限起爆药量小，被广泛用于各种火工品中。影响起爆能力的因素包括内因和外因两个方面，其中内因是由物质本身的性质所决定的，如起爆药内部的分子构成、化学键的性质、晶体结构与结晶形状等，外因是装药密度、壳体材料、起爆条件和环境温度等因素。

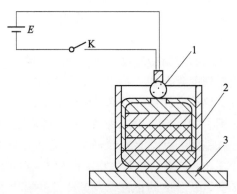

图1.3　极限起爆药试验装置示意图
1—电点火头；2—试样；3—铅板

图1.4　极限药量测试过程试验图

除上述的极限起爆药量外，表征起爆药起爆能力的试验方法还有很多种，如凹痕试验、铅铸试验等。其中凹痕试验已列入标准方法。

1.4.2　火工药剂的燃烧转爆轰

燃烧转爆轰（DDT）是一个复杂的物理、化学过程。早在20世纪40年代，苏联科学家Andreev首先开始了对此问题的研究。在理论方法上，有以Forest Comperthwaite为代表的"考虑气、固相阻力的单相模型"和以Krier Bcar为代表的"两相流模型"。在试验方法上，主要分为测压、测速两个方面，测压技术有应变片法、管内刻痕显示法、验证板法、轴向机械探针法，测速技术有高速摄影法、脉冲X射线法、光纤记录法、分辐离子探针法和轴向电阻丝法。

燃烧与爆轰是两类不同的化学反应方式，它们的区别主要表现在如下几个方面：① 激发反应的方式。燃烧通过热传导、热辐射方式引起化学反应，爆轰通过冲击波、冲击压缩引起化学反应。② 火焰面传播速度。燃烧速度为每秒数毫米至每秒数百米，而爆轰速度为每秒数千米。③ 质点运动方向。燃烧产物质点运动方向与燃烧界面消失方向相反，爆轰产物质点运动方向与反应界面消失方向相同。④ 波压。燃烧时反应压力较低，而爆轰时反应压力常高达数十万个大气压。所谓燃烧转爆轰，就是研究这两种化学反应的转变过程，以及各种外界条件、装药条件对实现这一过程的影响。

起爆药的爆炸变化过程，是既相互联系又相互区别的两种不同过程——燃烧与爆炸。爆炸变化在起爆药中扩展的过程，在一定条件下可以由燃烧转变为稳定的爆轰。因此，起爆药在受某种初始冲能引爆时的变化过程，可以用爆炸变化速度来表明。爆炸变化速度的快慢，可以用单位质量起爆药爆炸所需的时间表示，或以爆炸变化过程在单位时间内沿药柱传播所经的长度来表示。起爆药通过爆炸变化速度（加速度）的不断增长，在一定的条件下可以达到爆速最大值，实现稳定的爆轰。图 1.5 为常见起爆药的燃烧过程。从图中可以看出，起爆药具有非常明显的快速转爆轰的性能。

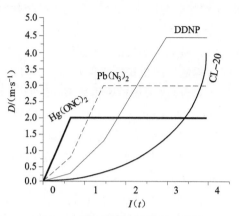

图 1.5　常见起爆药的燃烧过程图

在一定条件下，起爆药受初始冲能引爆，由开始燃烧转变为稳定爆轰，其所需要的时间或药柱长度，较之猛炸药由开始燃烧转变为爆轰所需的时间或药柱长度要短得多。也就是说，起爆药的爆炸变化速度的增长比猛炸药的爆炸变化速度增长要快得多。这是起爆药与猛炸药之间的主要区别之一。

由燃烧转爆轰（DDT）的能力是鉴别和评定能否作为起爆药的爆炸性能的示性参数。但从物理、化学观点分析，起爆药与猛炸药在爆燃转爆轰表现出的差别，只是程度上的不同，而不是本质上的差异。所谓程度上的不同，就是指在正常使用条件下，起爆药的爆燃转爆轰是由点火引起的，起爆药一经点火，即迅速由爆燃转变为爆轰，而猛炸药的爆燃转爆轰是由冲击波引起的。点火时，起爆药的作用是爆轰，借以引爆猛炸药。

影响燃烧转爆轰的因素也很多，如药剂本身的性质、物理状态、装药条件、外界起爆能力的强弱、药柱直径的大小及壳体的坚固程度等。

1.5　安全防护措施

火工药剂是弹药系统中最敏感的化学能源，属于最高危险品的范畴。在科研、生产及使用过程中都要有非常好的防范意识与保护措施。

（1）限量制备，就地使用

化合物的药量是决定产品在爆炸过程中伤亡情况的重要因素，因此在制备的过程中一定对每批的药量进行控制。通常情况下，实验室的制备药量控制在 5 g 以下，对于性能未知的新药，药量控制在 2 g 以下，采取的保护措施是在防护玻璃板后面进行操作；在中试的过程中，制备药量控制在 100 g 以下，采用的保护措施是钢板防护；在生产过程中，制备药量控制在 5~10 kg 以下，钝感的起爆药可以控制在 10~20 kg 以下，采用的保护措施是在抗爆间内进行操作。

由于起爆药具有非常高的敏感度，不能进行异地运输。在干药粉进行工序间转移时，需要将药剂装盒并置于专用的药剂箱内，限量地由专人手提或用专用索道运输。

（2）严格控制环境因素

环境因素对于起爆药稳定性的影响也是非常大的。第一，严格禁止烟火；第二，严防静电（增加环境湿度、设备接地、穿防静电工服、禁止携带具有信号功能的电子产品等），减小甚至消除外来的静电来源；第三，严防过热（药剂的烘干采用水浴烘干的方法、平摊晾药等），避免药剂局部过热产生爆炸；第四，严防震动（注意轻拿轻放，配套减震缓冲装置等），降低外部机械能量的刺激。

(3) 废水须先销爆再处理

废水销爆是试验与生产过程中的重要环节。制备起爆药的过程中，都会或多或少地产生废水，废水中不仅含有未反应的原料，而且也包含一部分粒度过小或是溶于溶剂中的起爆药分子，当废水中的水分蒸发后，起爆药就会结晶出来。外界一点很小的刺激，可能就会激发起爆药，使其发生爆炸。因此，制备起爆药的过程中，必须对废水进行销爆处理，保证废水中的起爆药分子已经完全进行分解，以达到国家排放的标准，再进行下一步的处理。

起爆药的安全防护问题是一项长期而艰巨的任务，试验者或是操作者一定要时刻提高安全意识，掌握必要的防护措施，在充分了解这类化合物的各种感度与爆炸性能后，再进行其他的分析与测试工作，不能掉以轻心，不能盲目地工作。

第2章
火工药剂热分析理论与技术

热分析是在程序控制温度的条件下，测量物质的某种物理化学性质参数与温度或时间的关系的一种技术。热分析方法主要用于测定火工药剂在热作用下的行为特征，分析火工药剂的反应动力学，探讨和确定药剂在生产、使用和贮存中的最佳条件，为评定药剂的稳定性、安全性、相容性和可靠性提供重要的试验和理论依据。

火工药剂属于含能材料的范畴，国外对含能材料热分析的研究工作始于20世纪20年代初，Robertson、Farmer、Hinshelwood和Bowen等人是含能材料热分解动力学研究领域的先驱。1928年，Semenov发表第一篇热爆炸研究论文，标志着热爆炸理论的诞生。1931年，诺贝尔奖获得者Семенов在创建俄罗斯科学院化学物理研究所时，将含能材料的热分解作为重要的研究内容。第二次世界大战后，世界许多国家都深入开展了该领域的研究工作，逐渐将其发展为一个内涵丰富、学科交叉的研究方向。直到20世纪70年代，国内含能材料热分析研究才开始起步，建立了热分析方法，虽然起步较晚，但发展迅速。

2.1 火工药剂的热分析方法

火工药剂的热分析按照温度条件的不同，可以分为静态热分析和动态热分析。静态热分析是指在恒温条件下，反映测量样品某种物性对温度依赖关系的方法；动态热分析是指按照一定的升温程序改变试样的温度，测出样品的某种特性随温度变化关系的方法。根据测试所需的变化参数与原理不同，可以分为热重法、量热法、量气法和快速裂解/红外分析法等。

2.1.1 热重法

火工药剂在加热过程中受热分解，气体分解产物从反应空间排走，会造成反应物质量变小，因此记录试样质量的变化可以研究试样的热分解性质。根据试样的质量变化来判断该试样的热分解过程的方法叫作热重分析法（TG）。将试样的质量变化作为纵坐标，将加热的时间或温度作为横坐标，建立相关的函数关系曲线，称为热重曲线。其中热重曲线的纵轴方向一般以试样失重的百分数（Mass Percent,%）表示，实例如图2.1所示。

将热重曲线对时间或温度一阶微商的方法，称为微商热重法（DTG）。记录失重速率的曲线称为DTG曲线，实例如图2.2所示。DTG曲线的峰顶是质量变化速率的最大值，它与TG曲线的拐点相应，峰数与TG曲线的台阶数相同，峰面积与质量变化成正比，因此，可以通过峰面积来计算质量变化值。

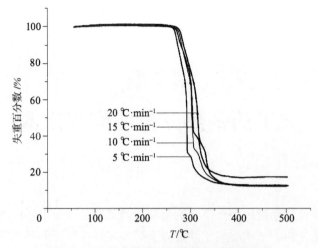

图 2.1　GTX 在不同升温速率下的热重曲线

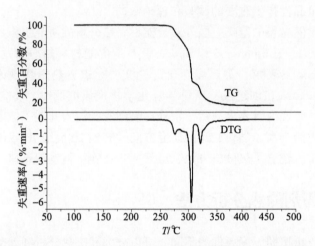

图 2.2　GTX 在 10 ℃·min^{-1}升温速率下的 TG – DTG 曲线

2.1.2　量热法

测量火工药剂热分解过程中热量变化的方法叫作量热法。量热法是研究试样动力学变化的重要技术手段，它能较精确地测定和记录火工药剂在加热过程中发生的失水、分解、相变、氧化还原、升华、熔融、晶相转化等一系列的物理化学现象，并借以鉴定各种单质起爆药及火工药剂间的相容性，是热分析技术不可缺少的方法之一。

常见的用于测量火工药剂的热分析仪器，通常是具有多种功能的综合热分析仪。常用的量热分析方法有差热分析法（DTA）、差示扫描量热法（DSC）和微热量热法。

（1）差热分析法（DTA）

把试样和参比物置于相同的温度条件下加热或冷却，测定试样、参比物之间温度差（ΔT）随温度（T）或时间（t）变化的方法为差热分析法。差热分析仪的基本原理是由于试样在加热或冷却过程中产生的热变化而导致试样和参比物间产生了温度差，该温度差由置于两者中的热电偶反映出来，在热电偶的闭合回路中产生温差电动势，通过信号放大系统和记录仪记录带有吸热峰或者放热峰的差热曲线。在加热或冷却过程中，吸收或放出的热量越多，在差热曲线上形成吸热峰或放热峰的面积就越大。如图 2.3 所示的 DTA 放热转变曲线，DTA 谱图中，峰对基线的偏移表示温度差 ΔT 的量值。同时，还可以从图中获得峰的外推起始温度、峰顶的温度、最大偏移量等参数。一般由纵坐标采用箭头的方式来表示吸热或放热的方向。

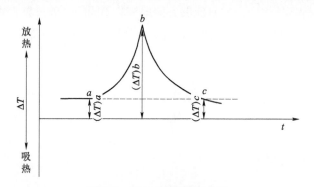

图 2.3　DTA 放热转变曲线

a—反应起始点；b—峰顶；c—反应终点

（2）差示扫描量热法（DSC）

差示扫描量热法是将试样和参比物（α - Al_2O_3）在可调加热或者冷却的环境中，置于相同的温度条件下，使两者的温度差保持为零，记录所需要补偿的能量与温度（T）或时间（t）变化关系的方法。所得曲线称为 DSC 曲线，实例如图 2.4 所示。差示扫描量热仪的试样和参比物分别装填在加热器中，并配以单独的传感器（热电偶或热敏电阻），以电阻丝供热，控制升温速率，使试样和参比物保持相同的温度。在一定的电压下，输入电流之差与输入的能量成正比，这样即可得出试样与参比物的热容之差或反应热之差（ΔE）。DSC 曲线的峰面积与热电偶补偿的热量成正比。

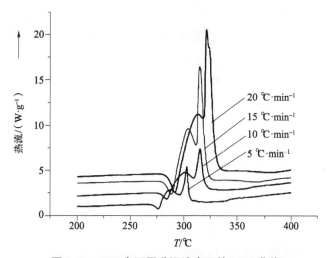

图 2.4　GTX 在不同升温速率下的 DSC 曲线

通过记录温度、试样与参比物之间的热流量，获得 DSC 曲线图，对数据进行分析处理，获得分解反应机理。DSC 谱图中，峰对基线的偏移表示吸收或放出热量的速度，一般由纵坐标采用箭头的方式来表示吸热或放热的方向。

DSC 测定的是温度作用下试样和参比物的能量变化差,而 DTA 是测定它们之间的温度差,这是两种测试方法的主要区别。

差示扫描量热仪一般分为功率补偿型、热流型和热通量型三种,其操作简单、快速、适用范围宽、使用样品量少、灵敏度高的特点使其广泛应用于科研和生产中。使用 DSC 时,可将试样密封于一个极小的容器之中,并且能够方便地控制不同的试验气氛,可定量测定各种热力学参数(热焓、熵、比热容)和动力学唯象规律,而 DTA 不能定量测定热焓和动力学参数。

2.1.3 量气法

量气法就是利用测压仪器测量火工药剂分解反应产生的气体产物,通过记录压力随时间的变化情况,获得在一定温度和一定时间内放出气体产物的量。量气法主要有真空安定性和布氏压力计两种方法。

(1) 真空安定性法(VST)

1) 汞压力计法

汞压力计法是最早使用的真空安定性试验方法,适用于炸药、火药、起爆药及其相关物的安定性和相容性的测定,该方法的原理比较简单。定量试样在定容、恒温和一定真空条件下受热分解,用汞压力计测量其在一定时间内放出气体的压力,再换算成标准状态下的体积,以评价试样的安定性及相容性。

真空安定性试验仪由加热试管、毛细管压力计(包括毛细管和汞杯)和真空活塞组成。在试验过程中,需要标定毛细管的单位长度容积、测定毛细管的长度,然后安装仪器,抽真空并记录汞柱稳定后的数据,加热并连续恒温 48 h 后,再次记录数据。

汞压力计法有许多不足:① 试验前需要进行一系列的测量和标定,其操作步骤比较多且复杂,并且在试验过程中用到了有剧毒的汞;② 试验过程中,需要手动记录试验数据,此过程误差较大;③ 汞压力计法只记录始末两点的数据,不能反映试验的中间过程。

2) 压力传感器法

压力传感器法与汞压力计法的适用范围一样,原理相似,只是用压力传感器测量试样在一定时间内放出气体的压力,再换算成标准状态下的体积,以评价试样的安定性和相容性。真空安定性试验仪由反应器、压力传感器、测压数字表、精密真空表组成。在试验过程中,需要标定测压连接管路的容积,并且在每次试验前后需要进行真空安定性试验仪的检漏,然后称取定量的试样放入反应器中,把反应器与真空安定性测试仪相连后抽真空,再将反应器加热 48 h,冷却后的反应器接到真空安定性试验仪上,测量试样分解释放的气体压力。

与汞压力计法比较,可以看出该方法的一些优点:压力传感器法的试验仪装置简单、操作方便、获得的数据准确性高。但是该方法也存在不足:其只能记录试验过程首末两点数据,不能反映火工药剂的热分解过程,如果在试验过程中样品发生剧烈的燃烧、爆炸反应,则试验得不到任何有效数据。

3) 动态真空安定性方法(DVST)

动态真空安定性试验利用压力传感器与计算机采集系统进行关联,对火工药剂在加热过程因气体释放而产生的压力变化进行跟踪,能够实时、在线、连续、直接地测试药剂热分解的全过程,获得其在真空、加热双因素作用下各种物理量的变化信息。此方法可以用于研究火工药剂的热分解、热安定性、相容性及贮存寿命等相关内容。

DVST 测试装置主要由玻璃反应测试管、程序控温加热炉、数据采集系统等组成，其装置如图 2.5 所示。

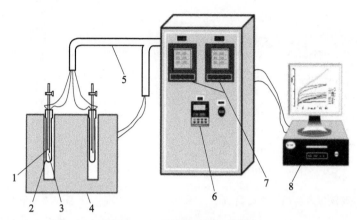

图 2.5　测试装置原理示意图
1—微型压力传感器；2—玻璃定容反应器；3—微型温度传感器；4—程序控温加热炉；
5—远传数据线缆；6—PID 调节器；7—数据采集单元；8—控制计算机

程序控温加热炉中放有反应测试管，反应测试管通过远传数据线缆与 PID 调节器、数据采集单元相连，数据采集单元通过数据线与计算机相连。采用高精度、高灵敏度的微型压力传感器和温度传感器组成核心测量单元，辅以数据采集单元、微机处理单元，组成 DVST 测试系统。

在程序控温升温条件下，实时在线直接测量体系的试样观测压力（p_{ap}）、温度（T）数据，将产气量用体系压力数据表达，建立起热分解气体产物生成速率随时间（或温度）变化的曲线（t，T，p_{ap}），称为 DVST 原始数据曲线。

在试验过程中，样品的定容反应空间始终保持密闭，由分解气体形成的分压观测值为 $\Delta p_{ap} = p_{ap} - p_0$（$p_0$ 为初始压力），其随时间变化曲线如图 2.6 中阴影部分的数值所示。利用这一变化数据并结合温度数据，可对试样受热时分解产生气体的过程进行定性与定量分析，以产气量曲线的形状定性表示出火工药剂放气量随温度、时间变化的情况。对获得的 DVST 曲线按动力学方法进行分析处理，可获得 DVST 过程中分解反应的动力学参数、反应机理函数、反应速率方程等重要的动力学数据。

（2）布氏压力计法

布氏压力计试验也是一种流行且适用于研究火工药剂热分解过程的方法。其核心仪器是布氏计，如图 2.7 所示。布氏计的实质是玻璃薄腔压力计，它有两个互相隔离的空间，即由反应器与弯月形薄腔组成的反应空间和补偿空间。在反应空间中放有待测样品进行热分解，补偿空间与真空系统连接，用以间接测量反应空间的压力。利用布氏压力计法可以获得火工药剂热分解的动力学数据，研究各种条件对热分解的影响。

布氏计反应空间密闭、恒温，试样的挥发或升华不受影响，可以研究纯物质的热分解，也可以调整研究条件，取得较系统的动力学数据，这是该法的优点；同时，该方法还克服了典型的"两点法"，即只能得到起始点和终止点两点的试验数据。但它还存在一些缺点，即玻璃仪器容易损坏，操作比较烦琐，不能直接记录试验数据，是典型的间接法，因此还有待于进一步改进和完善。

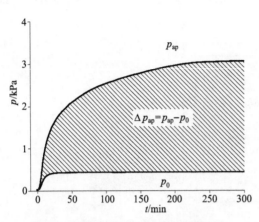

图2.6 分解反应产生的压力增量 Δp_{ap}

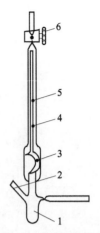

图2.7 布氏压力计
1—反应器；2—加料和抽真空支管；
3—玻璃薄腔；4—补偿空间；
5—指针；6—活塞

2.1.4 快速裂解/红外分析法

火工药剂在缓慢加热过程中实现的热分解通常会直接体现出药剂在自然环境的使用与贮存条件下的热稳定性。而在快速升温的过程中，药剂所发生的热分解情况完全不同于缓慢加热过程，对于捕获或是模拟药剂在点火、燃烧或爆炸过程的信息，可以用在温度跃升条件下的热分解过程及气体产物的数据进行相关的研究。快速裂解/红外分析法（T-Jump/FTIR）就是一种利用温度快速跃升技术使待测试样以极高的升温速率达到设定温度，缩短试样的热历史，并结合红外光谱所分析的气体产物参数来研究其快速热分解过程的试验方法。

T-Jump/FTIR 温度跃升傅里叶变换红外原位分析技术原理如图2.8所示。

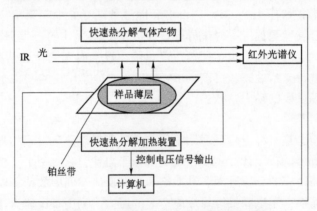

图2.8 T-Jump/FTIR 分析技术原理图

该仪器利用快速升温系统加热待测试样，使其按选定的升温速度达到设定温度。当试样受热分解时，产生的气体产物一经冷却，直接进入红外光路，红外光谱仪的快速扫描系统记录气体产物的种类、浓度及其随时间的变化关系，从而推测试样的快速热分解机理。

T-Jump/FTIR 温度跃升傅里叶变换红外原位分析系统由快速升温控制系统、傅里叶变换红外光谱仪和 Brill 原位分解池组成，同时配有高纯惰性气体吹扫系统，如图2.9所示。

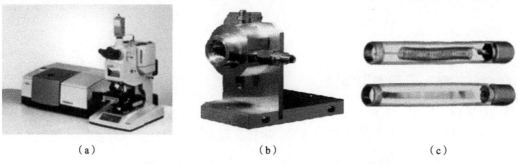

(a)　　　　　　　　　　(b)　　　　　　　　(c)

图 2.9　傅里叶变换红外光谱仪、Brill 原位分解池和高温裂解头

Brill 原位分解池是热分解反应的发生装置，置于红外测试系统的样品室内，其结构如图 2.9（b）所示。该接口的中央是空腔，两头由 ZnSe 玻璃透镜阻隔，为气密性系统。系统的关键部件是高温裂解头，由厚度小于 20 μm 的铂带焊接而成，根据试验样品的不同，有两种结构，如图 2.9（c）所示：一是线圈式的加热系统，使用时需要使用石英管盛放试样进行加热试验；二是舟式加热系统，使用时直接将研细的试样粉末放置在高温裂解头的铂带上。

2.2　火工药剂的热分析理论

火工药剂在热分解时一般都放出热量，减小质量，生成气体和凝聚相产物，可以表示为

$$\text{火工药剂（固）} \rightarrow \text{气体产物} \uparrow + \text{固体产物（残渣）} + \text{热量}$$

研究这个反应过程的动力学问题时，可以用下面的方程进行描述：

$$\frac{\mathrm{d}\alpha}{\mathrm{d}t} = kf(\alpha) \tag{2.1}$$

式中，α——t 时刻物质已反应的分数；

k——反应速率常数，k 与反应温度 T（热力学温度）之间的关系可用著名的阿累尼乌斯方程表示：

$$k = A\exp\left(-\frac{E}{RT}\right) \tag{2.2}$$

式中，A——表观指前因子，s^{-1}；

E——表观活化能，$\mathrm{kJ \cdot mol^{-1}}$；

R——普适气体常量，$8.314\ \mathrm{J \cdot mol^{-1} \cdot ℃^{-1}}$。

假定上述方程对于非定温情形也适用：

$$T = T_0 + \beta t \tag{2.3}$$

式中，T_0——DSC 曲线偏离基线的始点温度，℃；

β——恒定加热率，$℃ \cdot \min^{-1}$。

则由式（2.1）~式（2.3）可得：

微分式：

$$\frac{\mathrm{d}\alpha}{\mathrm{d}T} = \frac{A}{\beta}f(\alpha)\exp[-E/(RT)] \tag{2.4}$$

积分式：

$$G(\alpha) = \int_0^\alpha \frac{d\alpha}{f(\alpha)} = \frac{A}{\beta}\int_{T_0}^T \exp[-E/(RT)]dT \tag{2.5}$$

称方程（2.4）和方程（2.5）为热分析的第Ⅰ类动力学方程。

2.2.1 非定温动力学模型

通常采用 Kissinger 法和 Ozawa – Doyle 法，在不同升温速率下，测得一组 DSC 热分析图，对试样分解过程中的动力学参数进行计算，求得反应的活化能。

(1) Kissinger 法

由式（2.1）、式（2.2）和 $f(\alpha) = (1-\alpha)^n$，得

$$\frac{d\alpha}{dt} = Ae^{-E/(RT)}(1-\alpha)^n \tag{2.6}$$

当 $T = T_p$ 时，$\frac{d}{dt}\left(\frac{d\alpha}{dt}\right) = 0$，对方程（2.6）两边微分，得

$$\frac{E\frac{dT}{dt}}{RT_p^2} = An(1-\alpha_p)^{n-1}e^{-E/(RT_p)} \tag{2.7}$$

Kissinger 认为，$n(1-\alpha_p)^{n-1}$ 与 β 无关，其值近似等于 1，因此，由方程（2.7）可知

$$\frac{E\beta}{RT_p^2} = Ae^{-E/(RT_p)} \tag{2.8}$$

对式（2.8）两边取对数，得方程式（2.9），即 Kissinger 方程：

$$\ln\left(\frac{\beta_i}{T_{pi}^2}\right) = \ln\frac{A_k R}{E_k} - \frac{E_k}{R}\frac{1}{T_{pi}}, \quad i = 1, 2, \cdots, 4 \text{（或 5 和 6）} \tag{2.9}$$

式中，β_i——升温速率，℃·min^{-1}；

T_{pi}——峰顶温度，℃；

E_k——表观活化能，kJ·mol^{-1}；

A_k——指前因子，s^{-1}；

R——普适气体常量，8.314 J·mol^{-1}·℃$^{-1}$。

由方程（2.9）看出，以 $\ln(\beta_i/T_{pi}^2)$ 对 $1/T_{pi}$ 作图可以得到一条直线，从直线斜率可以计算出活化能 E_k，再由直线截距得到指前因子 $\lg A_k$。因此，只需在不同升温速率 β_i 下，测得一组 DSC 图，得到一组 T_{pi} 值，即可实现对其动力学进行计算。

(2) Ozawa – Doyle 法

Ozawa 法和 Doyle 法方程如下所示：

$$\lg\varphi = \lg\frac{AE_a}{RG(\alpha)} - 2.315 - 0.4567\frac{E_a}{RT_m} \tag{2.10}$$

式中，φ——升温速率，℃·min^{-1}；

$G(\alpha)$——反应的机理函数；

T_m——峰顶温度，℃；

E_a——表观活化能，kJ·mol^{-1}；

A——指前因子，s^{-1}；

R——普适气体常数，8.314 $J \cdot mol^{-1} \cdot ℃^{-1}$。

由该方程可知，在反应的机理函数 $G(\alpha)$ 相同时，$\lg\varphi$ 与 $(1/T_m)$ 呈线性关系，由不同升温速率 φ 下的温度 T_m，即可精确求得反应的活化能 E_a，而不考虑其机理函数 $G(\alpha)$。

对于这两种方法，都只需要已知不同升温速率下的温度，即可求得反应的活化能，而不必考虑其机理函数。

2.2.2 定温动力学模型

分析定温热分析曲线的目的是确定给定条件下反应的 $G(\alpha)$，求出 k、E、A 及 $T-t$ 关系式。

(1) Berthelot 方程

对式 (2.1) 分离变量并积分，得

$$\int_0^\alpha \frac{d\alpha}{f(\alpha)} = G(\alpha) = \int_0^t k dt = kt \tag{2.11}$$

若不同温度下达到同一反应深度的 $G(\alpha)$ 形式不变，则

$$G(\alpha) = k_{T+md} t_{T+md} = k_T t_T \tag{2.12}$$

和

$$\frac{k_{T+md}}{k_T} = r_d^m = \frac{t_T}{t_{T+md}} \tag{2.13}$$

式中，T——试验温度，℃；

m——试验温度点的个数；

d——试验温度以等差级数排列的公差；

r_d——温度间隔 d 时的反应速率的温度系数；

k_T——试验温度为 T 时的反应速率常数；

k_{T+md}——试验温度为 $T+md$ 时的反应速率常数。

由方程式 (2.13) 知

$$t_T = t_{T+md} r_d^m = t_{T+md} r_d^{\frac{T_m-T}{d}} \tag{2.14}$$

式中，

$$T_m = T + md \tag{2.15}$$

对方程式 (2.15) 两边取对数，即得计算寿命的 Berthelot 方程：

$$\lg t_T = a + bT \tag{2.16}$$

式中，

$$a = \lg t_{T+md} + \frac{T_m}{d} \lg r_d$$

$$b = -\frac{1}{d} \lg r_d$$

(2) Semenov 方程

由方程式 (2.2) 和式 (2.12) 知

$$t_T = \frac{G(\alpha)}{A} e^{E/(RT)} \tag{2.17}$$

对方程式（2.17）两边取对数，得

$$\ln t_T = a' + \frac{b'}{T} \tag{2.18}$$

$$t_T = \exp\left(a' + \frac{b'}{T}\right) \tag{2.19}$$

式中，$a' = \ln G(\alpha) - \ln A$；
$\quad\quad b' = E/R$。

对于 $f(\alpha) = (1-\alpha)^n$，$n=1$ 的反应，由方程式（2.11）和式（2.19）知

$$t = 10^B \exp\left\{\ln[-\ln(1-\alpha)] + \frac{b'}{T}\right\} \tag{2.20}$$

式中，$10^B = \exp(-\ln A)$。

方程式（2.19）即为 T、α 和 t 三者的关系式。

若 $A \gg G(\alpha)$，则由方程式（2.18），有

$$\ln t_T = \frac{E}{RT} - \ln A = \frac{b'}{T} - a'' \tag{2.21}$$

式中，$a'' = \ln A$。

方程式（2.21）称为计算寿命的 Semenov 式或阿累尼乌斯式。

2.3 火工药剂的安定性

火工药剂的安定性是指在一定的贮存条件下和贮存期内，火工药剂能够保持其物理性质、化学性质、爆炸性能不发生显著变化的能力，包括物理安定性和化学安定性。物理安定性是指火工药剂在外界条件发生变化时，如晶形、晶型、晶貌、相态、混合均匀性等物理性质变化的情况。化学安定性是指火工药剂在外界条件发生变化时，与大气中的气体组分、水分、光、射线等因素发生反应和变化的情况，如结构、纯度的变化。

常用的火工药剂安定性测试方法包括 TG（测试分解过程质量变化）、DSC（测试分解过程能量变化）、DTA（测试分解过程温度变化）、VST（测试分解过程产气量情况）、75 ℃加热（测试试样质量的稳定性）、高温高湿（测定双因素作用下的稳定性）、常温高湿（测定实际条件下的稳定性）和动力学参数计算（获得分解反应的动力学参数）。

(1) TG 法

通过 TG 分析方法，测定出药剂的质量损失率与温度的关系。根据 TG 曲线求出质量损失 5% 时的温度值，该温度值越高，则表明该药剂的热安定性越好。也可以比较动力学参数数值进行相关的评价。

(2) DSC 法或 DTA 法

通过 DSC 或 DTA 分析方法，测定出试样在受热情况下的热流量或温度差与温度或时间的关系，得到其变化曲线。观察试样出现相变、热过程的起始温度 T_0、峰顶温度 T_m、结束温度、过程的焓变。若相变、热分解过程开始的温度值越高，则表明该药剂的热安定性越好。通过 Kissinger 和 Ozawa 法求解出分解过程的活化能值，活化能值越高，则表明药剂热分解过程就越难进行，则药剂越安定。

(3) VST 法

通过 VST 分析方法，测定出在试验条件下火工药剂的产气量。产气量值越小，表明药剂越安定；产气量值越大，则该药剂越不安定，甚至不能用于火工药剂。通常情况下，单质火工药剂的产气量≤2.0 mL·g^{-1}，为安定性合格。但对于实际的生产与使用需求来说，安定性的评价参数仅仅是一个参考数据。常见起爆药的产气量见表 2.1。

表 2.1　常见起爆药的产气量　　　　　　　　　　mL·g^{-1}

样品	产气量 V_s
结晶叠氮化铅	0.43
粉末叠氮化铅	2.10
糊精叠氮化铅	1.0
CMC–叠氮化铅	0.2
GTG	0.07
D·S 共晶	1.56
DDNP	6.1
雷汞	47.0
四氮烯	96.0

（4）75 ℃加热试验

将装有一定量被测药剂的试验皿放入 75 ℃恒温的烘箱中，分别在不同的时间段取出称量，在该测试条件下，药剂的质量变化率越小越好。观察药剂表面，未见明显的气味变化和颜色变化，以试验皿内没有有色烟雾、没有结露为好。

（5）高温高湿试验

将装有一定量被测药剂的试验皿放入设定的高温高湿环境中，分别在不同的时间段取出称量，在该测试条件下，以药剂的试验质量既不增加，也不减少为好。在测试范围内，质量变化率越小越好。在测试过程中，质量变化趋于稳定的时间越短越好，表明引起质量变化的因素能够很快地达到平衡。

2.4　火工药剂的相容性

火工药剂的相容性是指火工药剂（单质或混合）与其他相关物质（如氧化剂、还原剂、黏结剂、晶形控制剂、金属材料、塑料、不同装药）相互接触或混合，组成混合体系后，体系的反应能力与原来反应能力相比变化的程度。

混合体系和与之相对应的单独体系相比较，若其反应能力、物理化学特征等没有明显变化，则混合体系中各组分间是相容的；若其反应能力、物理化学特征等产生了明显变化，则混合体系中有关组分是不相容的。

火工药剂与其他物质组成的均匀混合体系相容，则称为组成相容，即内相容，与安定性是一致的；火工药剂与其他物质组成的均匀混合体系与其他相关物质接触，不引起新体系物理和化学特征的明显变化，则称为外相容。

常用的火工药剂相容性测试方法包括 DSC（测试分解过程能量变化）、VST（测试分解过程产气量情况）和动力学参数计算（获得分解反应的动力学参数）。

(1) DSC 法或 DTA 法

① 根据前面讲的 DSC 法或 DTA 法进行测试。

② 分别测试出每种组分的 DSC 或 DTA 曲线。

③ 求出每种组分的第一个放热分解峰的峰顶温度 T_p 和分解反应活化能 E_a（Ozawa 法）。

判定规则一：

$$\Delta T_p = T_{p1} - T_{p2} \tag{2.22}$$

式中，ΔT_p——单独体系相对于混合体系分解峰温的改变量，℃；

T_{p1}——单独体系的分解峰温，℃；

T_{p2}——混合体系的分解峰温，℃。

判定规则二：

$$\Delta E/E_a = (E_{a1} - E_{a2})/E_{a1} \times 100\% \tag{2.23}$$

式中，$\Delta E/E_a$——单独体系相对于混合体系表观活化能改变率；

E_{a1}——单独体系的表观活化能，$kJ \cdot mol^{-1}$；

E_{a2}——混合体系的表观活化能，$kJ \cdot mol^{-1}$。

判定规则三：

$\Delta T_p \leq 2.0$ ℃，$\Delta E/E_a \leq 20\%$，相容性好，1 级；

$\Delta T_p \leq 2.0$ ℃，$\Delta E/E_a > 20\%$，相容性较好，2 级；

$\Delta T_p > 2.0$ ℃，$\Delta E/E_a \leq 20\%$，相容性较差，3 级；

$\Delta T_p > 2.0$ ℃，$\Delta E/E_a > 20\%$，或 $\Delta T_p > 5.0$ ℃，相容性差，4 级。

(2) VST 法

① 测定出每种组分在试验条件下的产气量 V_i，$mL \cdot g^{-1}$。

② 测定出混合体系在试验条件下的产气量 V_c，$mL \cdot g^{-1}$。

③ 计算出混合后产气量的增量：

$$R = V_c - 1/n \sum V_i$$

$R < 3.0$ mL，混合试样相容；

$R = 3.0 \sim 5.0$ mL，组分间存在中等反应；

$R > 5.0$ mL，组分间不相容。

GTG 与相关材料混合后产气量的增量见表 2.2。

表 2.2 GTG 与相关材料混合后产气量的增量　　$mL \cdot g^{-1}$

相关材料	R
铝	0.3
铝镁合金	0.8
法兰铁	0.0
覆铜钢	0.1
镍铜	0.6
2% 紫胶 RDX	0.2

2.5 火工药剂的贮存寿命

2.5.1 火工药剂贮存寿命机理

测定火工药剂贮存寿命的准确方法是预先设定试验方案,根据试验方案将火工药剂在实际工作条件下进行贮存,按照既定时间和周期取样,并进行相关参数和指标的检测,当火工药剂的性能参数值超出预定目标值时,认为该药剂失效,此时间点为其有效寿命终点。这种测试方法存在时间周期长、药剂量大、危险性高等问题。

如果仅从温度单一因素上进行评价,采用 71 ℃ 加热法,操作简便可行,但这种评价体系的准确性受到了环境复杂因素的质疑。如果考虑到温度与压力双因素进行评价,采用真空安定性法是一种较好的选择。该测试方法使用微型压力和温度传感器,实时测定火工药剂在目标温度下的热分解压力增量和温度随时间的变化数据,可用于预估火工药剂的贮存寿命。

在评价火工药剂的贮存寿命时,选取药剂的贮存寿命终点作为依据是至关重要的。考虑火工药剂的性能和其安定性要求较高等因素,可以将药剂的储存寿命终点设定为热分解深度达到 0.01% ~ 0.1%。

根据阿累尼乌斯方程拟合 DVST 法测试的数据,预估火工药剂的贮存寿命数学模型。由于阿累尼乌斯方程中的活化能为表观活化能,该参数在一定温度范围内是常数,但由于在同温度区间范围内热分解反应机理可能有变化,表观活化能值也会有差别。为尽可能接近和预估实际贮存条件下的温度,可以分别测试在 60 ℃、70 ℃、80 ℃、90 ℃、100 ℃ 5 个不同目标温度下的等温热分解数据,再根据试验数据进行贮存寿命预估。

2.5.2 火工药剂贮存寿命数学模型

定义反应深度 α 为任意 t 时刻药剂热分解产生的气体压力增量与药剂完全热分解产生的气体压力增量之比:

$$\alpha = p_t / p_A \tag{2.24}$$

式中,α——火工药剂热分解反应深度;

　　　p_t——任意 t 时刻药剂热分解产生的气体压力增量,kPa;

　　　p_A——药剂完全热分解产生的气体压力增量,kPa。

反应深度 α 随加热时间 t 变化的等温热分解微分动力学方程为

$$\frac{d\alpha}{dt} = kf(\alpha) \tag{2.25}$$

对式 (2.25) 进行转化,并对左右两边分别进行积分,可推导出

$$\int_0^a \frac{d\alpha}{f(\alpha)} = \int_0^t k dt = kt \tag{2.26}$$

且由于

$$\int_0^a \frac{d\alpha}{f(\alpha)} = G(\alpha) \tag{2.27}$$

故能得出

$$G(\alpha) = kt \tag{2.28}$$

根据阿累尼乌斯方程,在一定温度范围内,药剂的热分解速率常数 k 的对数和绝对温度 T 的倒数呈线性关系:

$$\ln k = A - \frac{E_a}{RT} \tag{2.29}$$

将式(2.25)转化为

$$k = A\exp\left(-\frac{E}{RT}\right) \tag{2.30}$$

根据式(2.28),可以得出火工药剂在目标温度 T 下热分解达到某一反应深度 α 时的反应积分动力学公式为

$$G(\alpha) = k_T t_T \tag{2.31}$$

联合式(2.30)和式(2.31),推导得出

$$t_T = \frac{G(\alpha)}{A}\exp\left(\frac{E}{RT}\right) \tag{2.32}$$

方程式(2.32)两边取对数,得到

$$\ln t_T = a + \frac{b}{T} \tag{2.33}$$

根据 DVST 法测试结果,可以获得火工药剂在目标温度下达到有效寿命终点的时间 t_T。根据式(2.33),采用最小二乘法对温度 T 和时间 t_T 进行拟合,获得贮存寿命的数学模型,再根据此数学模型外推,估算出常温 25 ℃时火工药剂的贮存寿命。

第3章
火工药剂感度的特征

感度是指火工药剂在受到一定外界初始能量作用下发生爆炸的难易程度,在一定程度上反映了火工药剂的安定性、使用安全性和作用可靠性。对于新研制的火工药剂,不论从可靠性上还是生产使用安全性上考虑,都应对其感度进行全面的研究和测试。如果一种新型的药剂各项性能都十分优异,但其感度极高,微小的刺激都可以导致其发生爆炸,那么对于制备、装药等过程,都会造成极大危险,使得这种药剂无法应用;相反,如果无法对足够的刺激进行响应,即在相对较大的刺激下也无法发生爆炸,对于火工药剂而言,也失去了使用的意义。

3.1 感度的基本知识

3.1.1 感度的概念及特征

在外界初始冲能的作用下,火工药剂发生爆炸的难易程度叫作火工药剂的感度。这里所提及的爆炸是广义的,包括热爆炸、燃烧、爆轰和燃烧向爆轰的转变(DDT)。简单来说,所谓感度,即火工药剂对外界刺激的敏感程度。几种火工药剂感度的对比见表3.1。

表3.1 火工药剂感度的对比

样品	$t_g^{①}/℃$	$H_{min}^{②}/cm$	$H_{max}^{③}/cm$
叠氮化铅	345	10.5	24④
斯蒂芬酸铅	292	11.5	36④
雷汞	204	3.5	9.5
四氮烯	146	3.5	6.0

① 5 s爆发点;
② H_{min}为撞击作用下冲击感度下限,锤重400 g,药量0.02 g,试验中对应于100%不爆炸的落高;
③ H_{max}为撞击作用下冲击感度上限,锤重400 g,药量0.02 g,试验中对应于100%爆炸的落高;
④ 撞击感度上、下限数据分别为糊精叠氮化铅及结晶斯蒂芬酸铅,叠氮化铅单品在2 kg落锤,药量0.02 g,10次试验对应于只爆炸一次的落高为11 cm。

感度的特征之一是具有对不同刺激源响应的选择性。从表3.1中可以看出，较之于其他3种火工药剂，叠氮化铅比较耐热，爆发点高达375 ℃，明显高出斯蒂芬酸铅；而就撞击感度来说，斯蒂芬酸铅较糊精叠氮化铅钝感。每种火工药剂在对敏感性的表现形式上各不相同，某一种药剂极可能表现为对某一作用较为敏感，对另一种则相对不敏感。造成感度具有选择性的原因与药剂的分子组成、结构、形貌、晶体缺陷，以及其在爆炸过程中的触发机理等因素有很大的关系。

感度的另一个特征是相对性。对于相对性，可以从两个方面理解：① 感度表示不同种类药剂危险性的相对程度；② 不同环境下对药剂感度有不同的要求。以撞击感度为例，可以用上下限法、爆炸百分数法、50%爆炸的特性高度等方法来表示。对于药剂而言，所处的条件不同，引发爆炸的有效能量也不同。感度的相对性也体现在根据适用条件的不同对药剂提出不同的感度要求。比如，作为敏感性起爆药，需要在较低的初始能量下引发爆炸，进而完成起爆；然而作为钝感性的药剂，则需要其在能量小于临界值的外界刺激下，也不会发生爆炸。所以，相比于TNT、RDX等单质炸药来说，火工药剂的感度要高得多。

3.1.2　感度的评价方法

由于感度的选择性和相对性，对其进行评价就变得相对复杂。K. AHpeeB 于20世纪60年代提出过以燃烧临界直径、摩擦感度评价药剂的感度，即从热、机械作用两方面评价。随着技术发展，现在采用多种方法评价药剂的感度，如撞击感度、滑落试验、烤燃试验、热爆炸特性等。必要情况下，还需要进行仿真性的试验，如高空坠落、模拟点燃等接近实际情况的条件下对感度进行评估。对于火工药剂来说，由于其特定的使用环境，根据初始动能的形式，感度可以分为热感度、火焰感度、机械感度、枪击感度、爆轰及冲击波感度、静电感度、激光感度等。

3.2　感度的测试方法

3.2.1　热感度

火工药剂的热感度是指药剂在热作用下发生爆炸的难易程度。根据药剂受热方式的不同，热感度包括加热感度和火焰感度两种。所谓加热感度，是指热源均匀地加热药剂时的感度；火焰感度是指药剂在明火（火焰、火星）的作用下发生爆炸反应的能力。前者用爆发点表示，后者可用发火上下限法表示。

（1）爆发点

通常用爆发点来表示药剂的加热感度。可采用以下两种方法来测定凝聚药剂的爆发点：① 一定量的药剂，从某一温度开始，以等速加热，记录从开始受热到发火到爆炸的时间和介质的温度，此温度即为爆发点；② 一定量的药剂，在一定的试验条件下，测定延滞期与温度的关系，这种方法比较精确。

爆发点试验测定装置如图3.1所示，它是一个伍德合金浴，质量不少于5 kg，成分（按质量比）为铋（Bi）50%、铅（Pb）25%、锡（Sn）12.5%、镉（Cd）12.5%，凝固点为70～72 ℃，夹层中有电阻丝加热。药剂试样放在一个8号平底铜雷管壳中，雷管壳用软木塞塞住，套上定位用的固定螺母，使管壳放入后侵入合金浴的深度为25 mm，合金浴的温度由温度计指示。

将伍德合金加热至熔化，用夹子将试件插入加热介质中，以3~5 ℃·min^{-1}的升温速率继续加热，直至试样发生爆炸，记录发生爆炸时的温度，可用3~5个试件预测试样的爆发温度。将伍德合金加热至高于预测的试样爆发温度40~50 ℃中的某一温度，并恒定在-1~1 ℃的范围，记录此温度，然后停止加热。温度开始下降时，记录当时的温度，迅速放入已准备好的试样，同时打开秒表记录到爆炸所经历的时间，此时间即为爆发延滞期。将合金浴加热到比预备试验时的温度高于45~50 ℃时为此试样的延滞期爆发点。

为了比较药剂热感度的大小，必须固定一个延滞期，一般采用5 s延滞期或5 min延滞期爆发点。表3.2列出了常见药剂的5 s延滞期的爆发点。

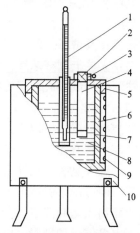

图3.1　爆发点试验测定装置
1—温度计；2—塞子；3—螺套；4—管壳；
5—盖；6—圆桶；7—炸药试样；
8—合金箔；9—电阻丝；10—外壳

表3.2　常见药剂的5 s延滞期的爆发点　　　　　　　　℃

样品	T_{ig}	样品	T_{ig}
乙二醇二硝酸酯	257	梯恩梯	475
硝化甘油	222	苦味酸	322
太安	225	苦味酸铵	318
硝化纤维（含N 13.3%）	230	三硝基间苯二酚铅铵	265
硝基胍	275	特屈儿	257
黑索金	260	结晶叠氮化铅	345
奥克托今	335	雷汞	210
三硝基苯	550	四氮烯	154

测得的爆发点低，说明药剂的热感度敏感；反之，则热感度钝感。必须指出，药剂的爆发点不是一个严格的物理化学常数，它与试验条件有密切的关系，如与药剂药量、粒度、装药尺寸、试验程序、加热方式、传热条件等因素有关。为了便于比较试验结果，必须确定严格的试验条件。

（2）火焰感度

火焰雷管的引爆一般是用导火索、火帽、电引火头的燃烧或延期药作用时输出的热能及高速灼热的固体质点，在一定气压下作用的结果。因此，在选择火工药剂时，必须估计其对火焰的敏感程度。一般情况下，火工药剂应具有一定的火焰感度。火焰感度过低，则要求有较强的火焰才能引爆。火焰感度过高，相应的发火点则过低，在勤务处理时不够安全。传统的叠氮化铅由于其火焰感度较低，通常与点火性能强的斯蒂芬酸铅点火药配套使用。用于火工品药剂及烟火剂火焰感度测定的最典型的仪器是HGY-1型火焰感度仪。其结构如图3.2所示。

仪器结构为双柱立式支架，主要部件是支架、点火装置、试样模具及护罩。两根立柱支撑着放置试样的托盘和模具。在左立柱上刻有标尺，可以直接读出点火高度（即黑火药柱下端与试样面之间的距离）。托盘可以上下移动，以调节点火距离。为了减少燃烧气体外溢，保证试验安全，仪器装有护罩，护罩门由有机玻璃制成，以便于进行观察。底座上开有通气孔，可以在下边接通风管。黑火药柱专用引火部件是装在仪器上的引火电热丝，当电热丝通电灼热后，便可用来引燃黑火药柱。

由于药剂只是局部表面受到火焰作用，因此局部表面在接受了火焰传递的能量后，温度将升高，同时，局部表面所吸收的能量还要向未受火焰作用的相邻表面和药剂内部传递，从而使药剂表面层的温度升高。这样，在火焰的作用下药剂表面层的温度能否上升到发火温度并发生燃烧，主要取决于它吸收火焰传递能量的能力及导热系数的大小。显然，药剂的上限越大，则火焰感度越大；下限越小，则火焰感度越小。试验值只能作为相对比较的参考数据。

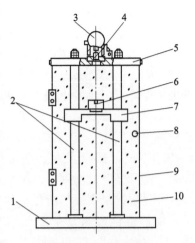

图3.2 火焰感度仪

1—底座；2—立柱；
3—点火装置；4—药柱模具；
5—顶盖；6—试样模；
7—托盘；8—门闩；
9—护罩；10—门

3.2.2 机械感度

药剂的机械感度是指火工药剂在机械作用下发生爆炸的难易程度。机械作用的形式有很多，如撞击、摩擦、针刺等，主要有两种情况：垂直的撞击作用和水平的滑动作用，而与之相对应的药剂感度称为药剂的撞击感度和摩擦感度。由于药剂在生产、运输及使用过程中不可避免地会产生撞击、摩擦和挤压等作用，药剂在这些作用下的安全性如何，弹药和爆破器材在机械引发时能否可靠地引爆，都与药剂的机械感度有关。

（1）撞击感度

撞击感度是最常见的药剂机械感度形式，测定时以自由落体撞击药剂，观察药剂受撞击后的反应。通常自由落体的速度为 $2 \sim 10 \, m \cdot s^{-1}$，因此称为低速撞击作用下的感度。

1）测定撞击感度用的仪器

常见的测定药剂撞击感度的仪器结构如图3.3所示。它有两条严格平行、垂直于地面的导轨，落锤在导轨之间可以自由上下滑动，落锤由电磁释放钳夹住，可以使落锤固定在不同的高度。高度确定后，触发电磁释放钳开关按钮，落锤即可沿着导轨自由落下。落锤的质量有400 g、500 g、800 g 和 1 200 g 等几种，根据药剂的性质、测试要求选用。撞击装置由导向套、击柱和底座组成，击柱呈圆柱状，而圆柱边界倒成圆角，适用于测定粉状（晶体或粒状）和塑性药剂。

用这种仪器测定火工药剂撞击感度时，一般称取20 mg 药

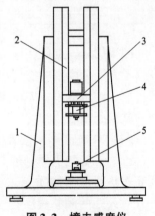

图3.3 撞击感度仪

1—支架；2—导轨；
3—电磁释放钳；4—落锤；
5—击发装置

剂放在试样盅中，给一定压力压实。试验时电磁释放钳松开，锤就自由下落，撞击在击柱上，药剂反应可能表示为爆炸、速燃或热分解，可以根据测定时的火花、烟雾或声响予以判断。凡出现上述现象的，都应视为药剂已发生反应。

为了记录撞击时药剂反应的情况，还可用配有其他记录装置的落锤仪，这些记录装置包括声频记录器、化学发光仪、压力传感器和高速摄像仪等。

2）表示撞击感度的方法

① 爆炸百分数法。

爆炸百分数法是在一定的落锤质量和一定的落高下撞击药剂，以发生爆炸的百分数表示。如果在相同的测试条件下，多种药剂的爆炸百分数均为100%，则不易比较，可选择质量较小的落锤，再次进行试验。

② 上下限法。

药剂的撞击感度可用上下限表示。上限是指当落锤质量固定时，药剂发生100%爆炸时的最小落高 H_{100}，而下限则指100%不发生爆炸时的最大落高 H_0。试验测定撞击感度的上下限时，采用一定质量的落锤，改变落高，平行试验一般为10次。从安全角度出发，一般参考下限。国内对火工药剂广泛使用的是下限法。几种常用火工药剂的撞击感度列于表3.3。

表3.3 火工药剂的撞击感度

样品	雷汞	四氮烯	叠氮化铅	斯蒂芬酸铅	二硝基重氮酚
落锤质量/kg	0.4	0.4	0.4	0.4	0.4
H_{100}/cm	9.5	6.0	33	36	—
H_0/cm	3.5	3.0	10	11.5	17.5

这种表示方法表面上看起来可靠，但由于药剂的撞击感度受一系列因素的影响，加上实际测定时又远比爆炸百分数法的工作量大，所以目前已不常用。

③ 特性落高法。

该方法以药剂爆炸百分数为50%时相对应的落高 H_{50}（落锤质量固定）表示。常用的方法是先找出上下限，再在上下限之间分成若干等份。即取几个不同的高度，在每一个高度下进行相同数量的平行试验，求得爆炸百分数。然后以落高为横坐标，爆炸百分数为纵坐标作图，画出感度曲线，找出相应爆炸百分数为50%时的落高。

④ 最小落高法。

固定锤重和药量，用10次试验中一次爆炸的最小高度表示药剂的撞击感度。

⑤ 撞击能法。

以50%爆炸的落高与锤重力的乘积表示，即

$$E_1 = mgH_{50} \tag{3.1}$$

式中，E_1——撞击能，J；

m——落锤质量，g；

H_{50}——50%爆炸的落高，m。

由于落锤撞击到击柱等装置时，不是全部能量都传给药剂，有一部分能量不可逆地损耗于由落锤系统材料弹性引起的落锤反跳，故落锤下落时传给药剂的撞击能量为

$$E = mg(H_{50} - H_0) \tag{3.2}$$

式中，g——重力加速度，$m \cdot s^{-2}$；

H_0——50%落锤反跳高度，m。

（2）摩擦感度

在加工、处理药剂过程中，药剂受摩擦的机会相当多，因此测定它的摩擦感度很重要。摩擦感度被认为是决定药剂安全性的重要指标。测定药剂摩擦感度的仪器不同，药剂承受摩擦的情况也不同。摆式摩擦仪有科兹洛夫摆、英式的布登摆、大型滑落试验等，除此之外，还有BAM摩擦感度仪、鱼雷感度仪等。

1) 科兹洛夫摩擦感度仪

科兹洛夫摩擦感度仪主要由液压系统和打击部分组成。液压系统是使药剂承受压力；打击部分是驱动上滑柱产生摩擦。图3.4所示为国内根据科兹洛夫摆改进后普遍使用的MGY-1摩擦感度仪。

试验时，将20 mg药剂放在钢制的上、下柱中间，开动油压机，通过顶杆将滑柱从导向套（又称滑柱套）顶出，直到上下滑柱的接触面离开导向套，顶杆顶在上滑柱的中间，上下滑柱之间的药剂试样承受摆锤的冲击。在冲击作用下，上滑柱被强制移动1.5~2.0 mm，药剂也因此受到了强有力的摩擦，从而引起药剂的爆炸反应。若试样变色、有味、发声、发光、冒烟或滑柱上有烧蚀痕迹，则判断为爆炸。

在这种仪器中，药剂实际上是以压实的片状承受摩擦，作用条件相当苛刻。对于火工药剂来说，一般使用两种测试条件：对于敏感型的药剂，表压为0.64 MPa，摆角为50°，药量为20 mg；对于钝感型的药剂，表压为1.23 MPa，摆角为70°，药量为20 mg。通常以25次试验中药剂发生反应（热分解、燃烧、燃烧转爆轰）的百分数表示。

2) BAM摩擦敏感度测试仪

BAM摩擦敏感度测试仪是目前国际上主流的摩擦感度测试方法，它用来测试固体物质（包括膏状和胶状）对摩擦的敏感度，并确定该物质是否过于危险而不能按测试时的状态来运输。BAM摩擦感度仪原理如图3.5所示。

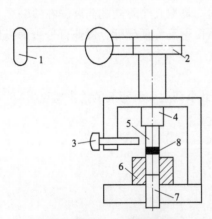

图3.4 MGY-1摩擦感度仪

1—摆锤；2—摆锤支架；3—击杆；4—上滑柱；
5—下滑柱；6—导向套；7—冲子；8—测试样

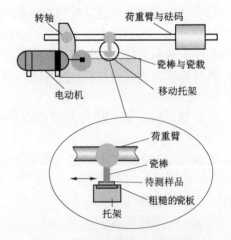

图3.5 BAM摩擦感度仪原理

摩擦仪由铸钢基座及安装在该基座上的摩擦装置本身组成。这包含一个固定的瓷棒和一个可移动的瓷板。瓷板固定在一个托架上，托架可在两根导轨上运动。托架通过连接杆、偏心凸轮和适当的传动装置与电动机相连，使瓷板在瓷棒下仅能向前和向后移动一次，距离为 10 mm。荷重装置有一个荷重臂，臂上配备有 6 个挂砝码的槽口。调整平衡砝码可得到零荷重。当荷重装置向下放到瓷板上时，瓷棒的纵轴与瓷板垂直。备有直到 10 kg 的各种不同质量的砝码。荷重臂上有 6 个槽口，它们与瓷棒轴心的距离分别为 11 cm、16 cm、21 cm、26 cm、31 cm 和 36 cm。用一个环和钩将砝码挂在荷重臂的槽口中。在不同的槽口挂不同的砝码，可在瓷棒上形成的荷重为 5—10—20—40—60—80—120—160—240—360 N。必要时，可使用中间砝码。

联合国《关于危险货物运输的建议书——试验和标准手册》中，试验结果的评估根据是：① 在某一特定摩擦荷重下进行的最多 6 次试验中，是否有任何一次出现"爆炸"；② 在 6 次试验中，至少有一次出现"爆炸"的最低摩擦荷重。如果在 6 次试验中出现一次"爆炸"的最低摩擦荷重小于 80 N，试验结果为"＋"，即物质太危险，不能以其进行试验的形式运输；否则，试验结果即为"－"。

3.2.3 静电感度

(1) 静电火花感度

静电火花感度测试的基本原理，是用一个充电到一定电压的电容器经过一定阻值的电阻对试样进行放电，根据试样发火与否，调整电容器的容量或电容器两端电压来增大或减小静电刺激能量，获取试样发火的敏感度数据，通过特定的数据处理方法，用 50% 发火的能量 E_{50} 表示试样的静电火花感度。

搭建的静电火花感度测试仪如图 3.6 所示。仪器采用人体放电模型、固定电极式、升降

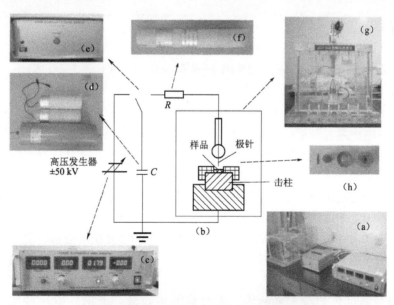

图 3.6 静电火花感度测试装置与原理示意图
(a) 整套的测试装置；(b) 测试原理图；(c) 高压发生器；(d) 电容器；
(e) 真空放电开关；(f) 电阻；(g) 发火箱；(h) 电极

法测试,以放电系统的总能量计算静电火花感度,主要由高压发生器、真空开关装置(装有电容器和电阻)和发火箱三部分组成。其中高压发生器的测试电压范围为 –50~50 kV,电容器的电容值分别为 0.22 μF、0.01 μF 和 500 pF(电容器与附加电阻的耐压性需达到 50 kV),附加电阻阻值为 100 kΩ。

不同火工药剂的静电火花感度相差较大,对静电火花刺激的响应机理也不相同。因此,在静电火花感度测试时,针对不同火工药剂,应选用合适的测试条件。

斯蒂芬酸铅(LS)对静电火花放电十分敏感,可选用 500 pF 电容器。叠氮化铅(LA)静电火花感度较高,但采用 500 pF 的电容不能使之发火,因而选用的测试电容为 0.01 μF 电容。高氯酸碳酰肼过渡金属配合物系列对静电火花相对钝感,可选用 0.22 μF 的电容器。

静电火花感度测试是一种相对测试,在报告数据时,应说明测试条件:环境温度、相对湿度、充电电容、放电电阻、放电电性和极针间隙等。一般是用试样 50% 爆炸所需电压 V_{50} 及静电火花能量 E_{50} 表示。图 3.7 所示的是静电感度仪的工作原理示意图。每发试验的被测药剂量为 20~30 mg,极针放电电性包括正电放电和负电放电。先将开关接通左侧电极,使电容器充电,然后将开关扳向右侧电极,使电容器放电,电火花作用在试样上,观察样品爆炸时所需的能量值,极针间隙可根据具体需要进行调整。

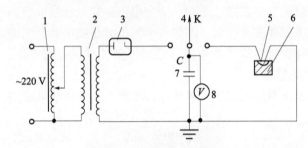

图 3.7 静电感度仪示意图

1—自耦变压器;2—升压变压器;3—整流二极管(电子管);4—转换开关;
5—电极;6—受试药剂;7—电容;8—电压表

(2)静电积累量

火工药剂静电积累量是指一定量的火工药剂与其他物体经过一定量的摩擦后积累的静电荷,用以表征火工药剂与其他物体产生并积累静电的难易程度,测试的基本原理是不同物体之间的"接触—分离"起电,具体方法是摩擦起电法。

关于物体接触起电理论,比较成熟的是金属间的接触起电理论,其他材料间的接触起电过程比较复杂,加上表面状态和黏污的影响,目前还没有形成普遍的理论。高绝缘性粉体火工药剂与金属或其他绝缘材料滑槽的接触起电过程也是非常复杂的过程,受到诸多因素的影响,包括火工药剂的晶体形貌、粒度,滑槽的摩擦系数和表面洁净度,环境温度和相对湿度等。

静电积累量测试仪如图 3.8 所示,主要包括盛药盒、滑槽、电压探头、法拉第筒、数字天平、电压测量仪、电荷测量仪、数据采集与软件系统、计算机九个部分。其能够实时连续测量试样滑过滑槽底端的电压、落入法拉第筒过程中试样积累的静电荷和样品的质量。

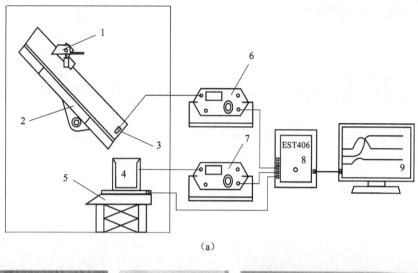

  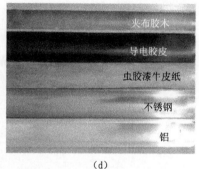

图 3.8 静电积累量测试装置与原理示意图

(a) 原理示意图；(b) 仪器正面；(c) 仪器背面；(d) 几种不同材质滑槽

1—盛药盒；2—滑槽；3—电压探头；4—法拉第筒；5—数字天平；6—电压测量仪；
7—电荷测量仪；8—数据采集与软件系统；9—计算机

一定量的试样从具有一定长度和倾斜角度的滑槽中滑过，与滑槽摩擦产生静电荷，带电试样落入法拉第筒，通过电荷测量仪测出试样所带的电量。同时，在试样落入法拉第筒前，电压探头探测试样与滑槽摩擦后产生的静电压，也通过电压测量仪读出。将法拉第筒置于天平上，用数字天平测量实际落入法拉第筒的试样量。整个测试过程的电荷量、电压和质量信号通过数据采集与软件系统，将模拟信号转换为数字信号后输入计算机，计算机实时观测试样在滑入法拉第筒过程的电荷量、电压和质量，并将数据进行存储。

滑槽倾斜角度在 0°~90° 范围内可调，实际用滑槽长度在 30~90 cm 范围内可调，通过更换不同材质的滑槽来表征火工药剂与不同材料摩擦后的静电积累量。根据生产过程中常用工具的材质，典型的为以下 5 种材质的滑槽：夹布胶木、导电胶皮、虫胶漆牛皮纸、不锈钢和铝。

静电积累量（Q）用单位质量火工药剂所带的电荷量表示，最大电压质量密度（U）用单位质量药剂的最大静电压表示，分别按如下公式计算得出：

$$Q = Q_0/(m_1 - m_0) \tag{3.3}$$

$$U = U_{\max}/(m_1 - m_0) \tag{3.4}$$

式中，Q——试样的静电积累量，$nC \cdot g^{-1}$；
U——试样的最大电压质量密度，$kV \cdot g^{-1}$；
Q_0——积累的电荷量，nC；
U_{max}——最大电压值，kV；
m_0——测试前天平读数，g；
m_1——测试后天平读数，g。

通过对存储的原始数据进行处理，得出试样落入法拉第筒过程的电量（Q_0）、电压（U）和质量（m）读数随时间的变化曲线，如图3.9所示。同一试样平行测试7~8次，得到有效数据，计算出算术平均值和标准差。

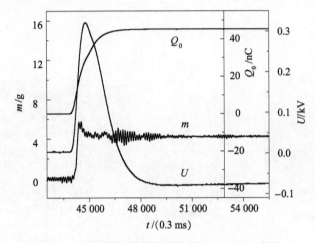

图3.9 静电积累量测试的典型 $Q_0 - U - m$ 曲线

3.2.4 激光感度

药剂的激光感度是指在激光能量作用下，药剂发生爆炸的难易程度，常用50%发火能量表示。此值与激光的波长、激光输出方式及激光器其他工作参数有关。激光引爆药剂时，除热作用外，还存在光化学反应和激光冲击反应。测定激光感度时，先根据试样预估的激光敏感程度，将激光能量调节到合适的范围内，再以升降法改变激光能量，观察试样是否燃烧或爆炸，并找出50%发火的激光能量。图3.10所示为激光感度测试的光路图。

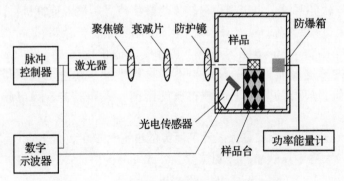

图3.10 火工药剂激光感度测试装置示意图

第 4 章
火工药剂晶形控制技术

火工药剂的制备是在溶液中进行充分的化学反应，形成过饱和溶液，析出结晶并生长成晶体的过程。在结晶过程中，火工药剂常以不同的结晶形态出现。火工药剂的晶体形态与其流散性有着密切的关系，直接影响到火工品的装药。同时，对其感度、起爆威力等爆炸性能和安定性能也有着重要的影响。因此，在火工药剂制备过程中，结晶控制技术具有十分重要的意义。

每种晶体在相同的外界条件下都有一定的晶体形态，火工药剂的晶体形态是由其化学组成、内部结构和外界条件所决定的。如在一定的外界条件下，斯蒂芬酸铅正盐呈现棱柱状苯环形，四氮烯则呈现楔形，配合物类起爆药 GTG 则呈现出平滑的宝石状多面体结构。火工药剂的晶体形态不仅对其性能如流散性、假密度、静电积累、耐压性等有直接影响，而且对其化学性能和爆炸性能等均有重要的影响。一般情况下，同种药剂中，表面光滑、颗粒均匀、近似于球形的晶体与细针状或枝杈状不规则晶体相比，具有流散性好、假密度高、感度低、性能稳定等许多优点，有利于保证产品的安全性和质量稳定。同时，易于实现定容计量装药，可充分保证小型火工品的装药精度。

4.1 结晶基本原理

根据结晶化学知识，从溶液中析出结晶的必备条件是溶液必须呈过饱和状态。在过饱和溶液中，溶质离子首先通过成核作用形成晶核，然后这些晶核成长为一定形态或聚集成无定形晶体。火工药剂的结晶技术主要是晶核生成和晶体成长的控制技术。

4.1.1 晶核生成

结晶物质的形成是相变的结果，即溶质分子或离子由液相向固相的转变。首先是溶液中的溶质分子或离子互相碰撞，凝聚在一起，形成晶体微粒，即晶核。成核是一个相变过程，即在母液相中形成固相小晶芽，若体系中的空间各点出现小晶芽的概率是相同的，则在晶核形成的涨落过程中不考虑外来杂质或基底空间的影响，这种过程称为均匀成核，否则为非均匀成核。

根据经典相变动力学理论，液相原子在凝固驱动力 ΔG_m 作用下，从高自由能 G_L 的液态结构转变为低自由能 G_S 的固态晶体结构过程中，必须越过一个能垒 ΔG_d，才能使凝固过程得以实现。整个液相的凝固过程，就是原子在相变驱动力 ΔG_m 驱使下，不断借助能量起伏

以克服能垒 ΔG_d，并通过成核和长大的方式而实现的转变过程。

当晶核在亚稳相中形成时，可把体系的吉布斯自由能变化看成是两相组成，即

$$\Delta G = \Delta G_v + \Delta G_i = \Delta G_m V + \sigma_{LS} A \tag{4.1}$$

式中：ΔG_v——新相形成时体自由能的变化，且 $\Delta G_v < 0$，$kJ \cdot mol^{-1}$；

ΔG_i——新相形成时新相与旧相界面的表面能，$\Delta G_i > 0$，$kJ \cdot mol^{-1}$；

ΔG_m——单位体积固、液自由能差，$kJ \cdot mol^{-1}$；

V——晶核体积，m^3；

σ_{LS}——固、液面张力，$N \cdot m^{-1}$；

A——晶核表面积，m^2。

晶体的形成，一方面由于体系从液相转变为内能更小的晶体相，从而使体系自由能下降；另一方面，又由于增加了液-固界面，从而使体系自由能升高。

当晶核为球形时：

$$\Delta G = \frac{4}{3}\pi r^3 \Delta G_m + 4\pi r^2 \sigma_{LS}$$

式中，r——球半径，m。

对 ΔG 求导得

$$\Delta G' = 4\pi r^2 \Delta G_m + 8\pi r \sigma_{LS}$$

令 $\Delta G' = 0$，得

$$r^* = -\frac{2\sigma_{LS}}{\Delta G_m}$$

将 r^* 代入 ΔG 式，得

$$\Delta G^* = \frac{16}{3}\left(\pi \frac{\sigma_{LS}^3}{\Delta G_m^2}\right) = \frac{1}{3} A^* \sigma_{LS}$$

式中，$A^* = 4\pi (r^*)^2 = 16\pi \left(\frac{\delta_{LS}}{\Delta G_m}\right)^2$，即临界晶核表面积。

把宏观热力学量（表面能）用于微观体系，这只在低过饱和度及临界晶核尺寸较大的情况下才得以适用，在高过饱和度及临界晶体仅在几个至几十个原子情况下时，将产生很大的误差。因为只把晶核形成能表示为体自由能和表面能两项，而忽略了其他方面的作用，例如，所形成的晶芽可以自由地在母相中平动和转动，结果会减少晶芽的形成能。

4.1.2 晶体成长

从溶液中析出晶体的过程，从本质上看是固液多相离子平衡的移动。难溶电解质的沉淀-溶解平衡是一种动态平衡，故析晶的条件是溶液必须呈过饱和态。在结晶过程中控制晶核的形成及其数量，对晶体的质量如粒度、均匀程度等有着重要的影响。根据阿累尼乌斯速度常数公式和吉布斯-汤姆逊公式，导出的晶核生成速率公式为：

$$r = A \exp[-16\pi \sigma^3 V^2 \cdot 3k^3 T^3 (\ln S)^2] \tag{4.2}$$

式中，r——晶核生成速率；

A——晶核表面积，m^2；

V——晶核体积，m^3；

σ——表面张力，$N \cdot m^{-1}$；
T——介质温度，K；
S——溶液的过饱和度；
k——生成的速度常数。

由上式可知，影响成核速率的主要因素为介质的温度 T、溶液的过饱和度 S 及表面张力 σ。此外，如搅拌、反应器器壁情况、冷却速度和杂质种类等，均对成核产生一定的影响。

在结晶过程中，晶核形成后，溶液分子或离子继续与晶核相碰撞，并向晶核表面扩散沉积，使晶核逐渐成长，形成晶体。影响晶体成长的主要因素为结晶介质的温度和溶液的过饱和度。溶质分子或离子在液相中的浓度与其在晶体表面上的浓度差即过饱和度。结晶介质的温度则提供克服固液界面上的阻力和新相生成时所需能量。根据晶体成长的扩散机理，晶体成长速率为：

$$\frac{dm}{dt} = \frac{D}{\delta}AS \tag{4.3}$$

式中，dm/dt——晶体成长速率；
D——扩散系数；
δ——晶膜厚度，Å；
A——晶体表面积，$Å^2$；
S——溶液的过饱和度。

在一般条件下，当温度一定，溶液的过饱和度较低时，晶核生成与晶体成长的速率都较小。而晶核生成速率较晶体成长速率更小，则有利于晶核的成长，可以得到较大而颗粒均匀的晶体；反之，如果过饱和度较高，晶核生成和晶体成长的速率均大，则会得到大量细小而又不均匀的结晶产品。

在一定的过饱和度下，温度较低时，晶体成长速度较低，但此时晶核的成长速率可能较快，这样就会得到很多细小晶体；反之，如温度较高，晶体成长速率较大，晶核生成速率相对较小，往往可以得到较大的结晶产品。

除了上述因素外，搅拌可以降低固液界面的滞流层，即液膜的厚度，从而提高晶体成长的速率。但若搅拌速度过快，反而可能会把晶体打碎。在火工药剂结晶过程中，影响晶核生成和晶体成长的外界因素主要是溶液的过饱和度、结晶介质的温度和搅拌强度等。合理控制上述因素，即可得到较为理想的火工药剂晶体。

4.2 晶形控制技术

火工药剂的晶体形态与火工品装药的流散性有直接的关系，同时，对安定性也有重要的影响。一般情况下，表面光滑或近似于球形比细长针状结晶或枝权状不规则结晶的流散性要好，易于计量组模装药，且能提高药剂的安定性，可充分保证小型火工品的装药精度。并且火工药剂的晶形也直接影响到火工品的性能，尤其是在装药量少的火工品中，如小型雷管、火帽等，其对感度、威力都有较大的影响。研究晶形控制技术，对火工药剂的性能与生产使用有着重要的意义。

由结晶原理可知，对于火工药剂的制备技术，关键在于晶形控制技术，即晶核生成和晶体成长的控制技术。火工药剂制备结晶控制技术的主要内容有加料方式、加料速度、原料液浓度、反应液的酸碱性、搅拌强度、反应温度、晶形控制剂的加入、保温时间及出料方式等。控制上述因素，能够得到理想的火工药剂晶体。但火工药剂的晶形控制技术是个复杂的问题，必须经过严格的科学试验，确定最佳的工艺条件，才能控制火工药剂晶体处于理想的状态。

下面主要通过对晶形、产率、反应过程等影响较大的几个因素一一进行分析。通过对不同的影响因素逐步优化，最终获得一种较为简单、合理的制备工艺，以控制产物的晶形达到较佳状态。

(1) 加料方式

在火工药剂的结晶过程中，为了避免饱和度太大和局部过浓，常采用多点加料法及选择适当加料点位置来实现。调整加料位置，使加料点位置处于反应液流动线速度最大的部位，以避免局部过浓现象，是控制结晶的有效办法。由于加料次序的改变会引起反应介质、酸度、饱和度等条件的变化，因此，在进行工艺探索前，必须首先确定加料次序。

(2) 加料速度

在一定的搅拌强度下，如果加料速度太快，加入的原料液来不及分散于整个反应液中，易于在加料点附近产生局部过浓现象，从而使反应液中溶液的过饱和度各处大小不同，易于得到大小不均、晶形不规则的火工药剂晶体。加料速度直接影响着料液的过饱和度，而过饱和度在晶体的生成过程中起着关键性的作用。当料液的过饱和度增大时，晶体成核速率和生成速率均增大，于是在短时间内产生大量晶核，由于迅速产生的大量晶核来不及生长，所以常常得到颗粒大小不均、晶形不规则的大量细小晶体及松散的聚晶体。有时由于过饱和度增大，使结晶速率加快，结果得到的是对散热有利的针状或片状晶体。

(3) 原料液浓度

原料液浓度直接决定反应液的过饱和度，过饱和度的高低是直接影响晶核生成和晶体成长的主要外界因素之一。过饱和度的高低直接影响晶体的形态和晶面的数目，如果溶液的过饱和度高，则在晶体成长过程中生成的晶面少，晶形简单；如果溶液的过饱和度低，晶形也相对复杂。当溶液的过饱和度增大时，晶体成核速率和生成速率均增大，于是产生大量晶核，由于迅速产生的大量晶核来不及生长，因而晶体不能向理想的方向生长。

(4) 反应液的酸碱性

pH 对火工药剂的结晶质量（晶体大小、均匀性、规则性）乃至产品质量的影响较为显著。如在三硝基间苯二酚铅合成过程中，由于 pH 的不同，可以得到不同的晶形，其爆炸性能也有很大的差别。在碱性介质中，生成棉絮状的碱式三硝基间苯二酚铅晶体；在弱酸性介质中，则生成苯环状的三硝基间苯二酚铅正盐晶体。因而适当选择并准确控制一个合理的 pH 在火工药剂的制备工艺优化中起着关键作用。为此，在火工药剂制备过程中，应该首先进行大量预备性试验，来寻找晶体生长受介质 pH 变化影响的规律，并最终选定最佳 pH。一般对于难溶的弱酸盐说来，pH 降低，促使多相离子平衡向溶解的方向移动，从而使难溶盐的溶解度加大，有利于得到较大的晶体。但如果 pH 过低（小于5），则会因部分分解而引起产品的纯度和产量降低。

(5) 搅拌强度

在形成火工药剂晶体的过程中，适度的搅拌一方面可以加速质点的活动性，减弱涡流作用，避免局部过浓现象，使晶核周围溶液的离子浓度趋于均匀，有利于生成短粗而均匀的火工药剂晶体；另一方面，可以降低固液界面的滞流层厚度，提高晶体的成长速率，同样有利于生成较大的药剂晶体。因此，在火工药剂制备中，控制适当而均衡的搅拌强度是十分必要的。搅拌强度的控制主要有化合器与搅拌装置的合理匹配和调节转速等。由于搅拌强度与搅拌速度、化合器内径、搅拌器形状、尺寸及安装位置等多个因素有关，很难定量描述其综合结果，只能根据设备情况确定其合理的匹配关系，以达到火工药剂制备过程中的最佳结晶效果。

（6）反应温度

反应温度太低，反应不能进行完全；而温度太高，晶形均一性差。即使是同种物质的晶体，在不同的温度下，形态也可能不同。如三硝基间苯二酚铅正盐在较低温度下，容易生长成棉絮状不定形胶团状物，而在较高温度下，则易生成流散性良好的苯环状均匀颗粒。结晶介质温度升高，使固液两相之间的界面张力 σ 降低，扩散系数 D 增大，可以降低晶核生成速度并提高晶体成长速率，因而有利于获得大的晶体。此外，温度升高，溶质的溶解度增大，可以改变难溶电解质的多相离子平衡，使平衡向溶解的方向移动，同样有利于获得大的结晶。因而，在制备工艺允许的情况下，适当提高反应温度，有利于获得较大而均匀的晶体。但对于火工药剂而言，由于本身具有爆炸性并且十分敏感，故为保证生产过程的安全性，其反应温度不可太高，通常选择 60 ℃ 左右较适宜。

（7）晶形控制剂的加入

在火工药剂合成过程中，加入晶形控制剂可以大大降低溶液的表面张力，增大扩散系数，这样可降低晶核的生成速率，提高晶体的成长速率，故有利于得到较大颗粒的火工药剂晶体。同时，还可以利用表面活性剂表面张力的特性，选择合适的晶形控制剂控制各晶面的生长速度，使之趋于一致，以获得规则乃至球形的火工药剂晶体颗粒。由此可见，在火工药剂制备中，应用晶形控制剂控制结晶是一种行之有效的方法。

（8）其他技术

陈化技术（保温反应），即在加料完毕，通常继续保温搅拌一定时间进行陈化。通过保温反应，可以使微小结晶自动溶解，而较大的晶体则继续成长，从而使结晶颗粒大小逐渐趋于一致。另外，出料方式的选择，对火工药剂的结晶影响也较大。一般对于大多数火工药剂的制备工艺，都是母液温度降至接近室温出料，可以防止在高温下母液中因溶解过多的火工药剂而降低得率。

4.3 晶形控制剂

晶形控制剂均为表面活性剂，表面活性剂是能显著降低液体表面张力的物质。表面活性剂分子是由具有亲水性的极性基团和具有憎水性的非极性基团所组成的有机化合物，当其吸附在水表面时，采取极性基团向着水、非极性基团脱离水的趋势进行表面定向移动。这种定向排列，使表面上不饱和力场得到某种程度的平衡，从而降低了表面（或界面）张力。制备火工药剂选择的晶形控制剂需要遵循以下原则：不影响理化和爆炸性能；使晶体趋于球形化；改善流散性。

晶形控制剂按其化学结构，可分为非离子型和离子型两大类，后者又分为阳离子型和阴离子型两类。非离子型晶形控制剂与反应液不生成盐类，仅在火工药剂结晶过程中，吸附于晶体表面，降低某些晶面的表面张力，即抑制晶体某些界面的成长速率，使晶体趋于球形。属于这类晶型控制剂的主要有多元醇类、糊精和聚乙烯醇等。离子型晶形控制剂与反应液生成不溶性的金属盐，该金属盐可以成为晶核，同时又能在火工药剂结晶过程中吸附于晶体表面，起控制结晶作用。属于这类晶型控制剂的大多数为阴离子表面活性剂，如羧甲基纤维素钠、烷基苯磺酸盐等。

在选用晶形控制剂时，应考虑火工药剂分子结构的特征，如四氮烯的晶体结构是双电性的，有两个亲电中心，所以选用非离子晶型控制剂效果较好。在选用晶型控制剂时，还可参考格里芬（Griffin）提出的 HLB（亲水亲油平衡）值。但晶形控制剂的选用是个较为复杂的问题，选用时可根据上述基本原则，由经验首先预选几种，然后采用正交实验法进行实验，最后选定效率高、经济性好、效果最佳的晶形控制剂。有时为了达到最佳的晶型控制效果，甚至要同时选用几种晶形控制剂，即使用混合晶形控制剂。此外，在选用晶形控制剂时，尚需考虑所选用晶形控制剂与火工药剂的相容性（内相容）和晶形控制剂与接触物如金属材料等的相容性（外相容）。

晶型控制剂的用量由临界胶束浓度（CMC）确定。临界胶束浓度即表面活性剂在水溶液中形成胶束的最低浓度。当表面活性剂的用量（即浓度）超过临界胶束浓度后，只能形成表面活性剂憎水基团靠在一起的胶束。由于胶束不具有活性，表面张力不再降低，且胶束会争夺溶液表面上的表面活性剂分子，从而影响表面活性剂的效率。因此，表面活性剂的浓度只有在临界胶束浓度范围内，才能达到最佳的结晶控制效果。用量太多或太少均对结晶控制不利。实验证明，在火工药剂的制备中，选择表面活性剂的浓度一般以占总反应溶液的 0.1%~0.3%、表面活性剂的临界胶束浓度一般在 0.02%~0.4% 较为适宜。例如，球形叠氮化铅，用糊精作结晶控制剂，晶体形貌如图 4.1 所示。

图 4.1　加入糊精后球形叠氮化铅的晶体形貌

第 5 章
叠氮类起爆药

叠氮类起爆药是指含有—N_3官能团的一类起爆药，该分子中的三个氮原子以线型共振结构相互连接。重金属叠氮化物具有爆炸性能，常见的有叠氮化汞[$Hg(N_3)_2$]、叠氮化铜[$Cu(N_3)_2$]、叠氮化亚铜（CuN_3）、叠氮化银（AgN_3）、叠氮化镉[$Cd(N_3)_2$]、叠氮化铊（TlN_3）、叠氮化铅[$Pb(N_3)_2$]，其中叠氮化汞[$Hg(N_3)_2$]、叠氮化铜[$Cu(N_3)_2$]、叠氮化亚铜（CuN_3）极其敏感，在微弱的扰动下即会引起爆炸。到目前为止，叠氮化铅仍是重要的、难以替代的常用起爆药。本章着重论述叠氮化铅的结构、基础物理化学性质、热分解性能与爆炸性能，并对叠氮化铅新品种进行相关的介绍。

5.1 叠氮化铅

叠氮化铅（简称氮化铅，缩写 LA）的分子式为 $Pb(N_3)_2$，相对分子质量为 291.26，是叠氮酸的铅盐。1891 年由 Curtius 首次制备得到，用乙酸铅与叠氮化钠溶液反应得到沉淀物。1907 年，法国制备出了可工业化使用的叠氮化铅。第一次世界大战期间，瑞士、俄国、美国开始使用叠氮化铅进行装备武器。

5.1.1 物理性质

在常规的认识中，认为叠氮化铅是一种简单的金属盐，但其实是一种以配合物的形式存在的，以铅作为中心金属，以 N_3 为配体而形成的配位化合物。其分子的紧密排列方式足以体现出叠氮化铅的强起爆性。分子结构如图 5.1 所示。

（1）外观形貌

叠氮化铅是白色固体结晶，由于结晶时的热力学与环境条件的不同，可以生成两种不同的晶型，分别是短柱状的 $\alpha-Pb(N_3)_2$ 结晶和针状的 $\beta-Pb(N_3)_2$ 结晶。它们的晶体形状如图 5.2 所示。表 5.1 为叠氮化铅晶型的数据表。

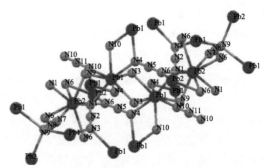

图 5.1 叠氮化铅的分子结构图

(a) (b)

图5.2 $\alpha-Pb(N_3)_2$ 的结晶形状和 $\beta-Pb(N_3)_2$ 的结晶形状

(a) $\alpha-Pb(N_3)_2$; (b) $\beta-Pb(N_3)_2$

表5.1 叠氮化铅晶型的数据表

晶型	晶系	晶胞参数	Z	晶形
α	斜方	$a=1.131$ nm $b=1.625$ nm $c=0.663$ nm	12	短柱状结晶
β	单斜	$a=1.849$ nm $\beta=107.6°$ $b=0.884$ nm $c=0.512$ nm	8	长针状结晶
γ	单斜	$a=1.206$ nm $\beta=95.75°$ $b=1.051$ nm $c=0.651$ nm	8	—
δ	三斜	$a=1.316$ nm $\alpha=90.53°$ $b=1.053$ nm $\beta=98.12°$ $c=0.653$ nm $\gamma=112.7°$	8	

（2）密度

不同的研究者测得的叠氮化铅的密度数据各不相同。维列尔和克鲁布科的资料为 4.796 9 g·cm^{-3}；布龙斯维格的资料为 4.9 g·cm^{-3}；迈勒斯的资料为 $\alpha-Pb(N_3)_2$ 4.71 g·cm^{-3}、$\beta-Pb(N_3)_2$ 4.93 g·cm^{-3}；布勃诺夫的资料为 4.73 g·cm^{-3}。

（3）溶解度

叠氮化铅在水中仅能轻微地溶解（$K_{sp}=2.58\times10^{-9}$）。$\alpha-Pb(N_3)_2$ 在水中的溶解度是温度的线性函数，即温度升高，溶解度稍有增加。

在沸水中溶解的叠氮化铅，会有部分分解成不溶性的氢氧化铅。与水长时间共热，能逐渐分解出 HN_3。当热水溶液冷却时，叠氮化铅可析出 1 cm 大小、非常敏感的光泽白色针状结晶。因此，在一般情况下，叠氮化铅不采用重结晶的方法进行提纯工作。

此外，叠氮化铅可溶于盐的溶液中，例如，其在醋酸盐溶液中的溶解度比在水中的溶解度大得多。叠氮化铅不易溶于有机溶剂中，它在乙醇中的溶解度甚微，在 35 ℃、50%乙醇溶液中的溶解度为 0.009 g，故常将叠氮化铅贮存于 50%的乙醇溶液中。表5.2 和表5.3 分别为叠氮化铅在不同浓度、不同温度乙酸钠中的溶解度。

表 5.2　叠氮化铅在不同浓度乙酸钠中的溶解度　　　　　　　　g·L^{-1}

溶剂	温度/℃		
	25	35	45
纯水	0.023	0.035	0.047
5%乙酸钠	0.120	0.350	0.680
10%乙酸钠	0.190	0.560	1.020
12%乙酸钠	0.24	0.550	1.270

表 5.3　叠氮化铅在不同温度乙酸钠中的溶解度　　　　　　　　g·L^{-1}

温度/℃	乙酸钠浓度/%			
	10	20	30	40
33.8	6.4	7.9	8.8	9.3
46.5	12.0	16.0	17.0	15.0
61.1	18.9	43.0	55.0	98.0
72.5	24.0	97.0	160.0	—

5.1.2　化学性质

（1）75 ℃加热试验

将一定量的待测药剂放置在特定装置内，加热使其受热分解或者挥发，测定其在 75 ℃、48 h 条件下质量的减少，以试样减少的质量分数评价被测药剂的热安定性。

对叠氮化铅起爆药进行了 75 ℃、48 h 加热试验，试验得到的质量损失结果见表 5.4。

表 5.4　叠氮化铅的 75 ℃加热试验结果

样品	试样 1 变化量/%	试样 2 变化量/%	平均变化量/%
LA	0.067	0.055	0.061

测试结果表明，在试验条件下，叠氮化铅质量变化量很小，表明叠氮化铅起爆药热安定性良好。

（2）常温高湿吸湿试验

对叠氮化铅进行常温高湿条件下的安定性试验，试验温度为 10 ℃、相对湿度为饱和硝酸钾水溶液的饱和蒸汽。将两组试样（1 号和 2 号）同时储存 24 h、48 h、72 h、96 h、120 h、144 h 和 168 h 后，分别称量试样质量的变化。所得结果见表 5.5。结果表明，这种起爆药均在 168 h 内达到吸湿平衡，在试验条件下，叠氮化铅起爆药的吸湿增重很小，1 号和 2 号样品增重率分别为 0.077% 和 0.037%，表明这种起爆药在常温高湿条件下安定性很好。

表 5.5　叠氮化铅在常温高湿条件下的试验结果

吸湿时间/h	试样 1 变化量/%	试样 2 变化量/%	平均变化量/%
24	0.035	0.005	0.020
48	0.045	0.035	0.040
72	0.079	0.025	0.052

续表

吸湿时间/h	试样1变化量/%	试样2变化量/%	平均变化量/%
96	0.045	−0.005	0.020
120	0.050	0.005	0.027
144	0.050	0.015	0.033
168	0.077	0.037	0.057

(3) 高温高湿吸湿试验

对叠氮化铅进行高温高湿条件下的安定性试验,试验温度为95 ℃、相对湿度为饱和硝酸钾水溶液的饱和蒸汽。将两组试样(1号和2号)同时储存24 h、48 h、72 h、96 h、120 h、144 h 和 168 h 后,分别称量试样质量的变化。所得结果见表5.6。结果表明,这种起爆药均在 168 h 内达到吸湿平衡,在试验条件下,叠氮化铅的吸湿平衡失重率很小,为0.69%,表明这种起爆药在高温高湿条件下吸湿变化量较小,安定性很好。

表5.6 叠氮化铅在常温高湿条件下试验结果

吸湿时间/h	试样1变化量/%	试样2变化量/%	平均变化量/%
24	−0.09	0.07	−0.085
48	−0.39	−0.25	−0.32
72	−0.56	−0.40	−0.48
96	−0.67	−0.48	−0.58
120	−0.76	−0.52	−0.64
144	−0.81	−0.55	−0.68
168	−0.83	−0.56	−0.69

(4) 与酸碱作用

叠氮化铅易溶于稀硝酸中,并能分解放出叠氮酸,其反应如下:

$$Pb(N_3)_2 + 2HNO_3 = 2NH_3 \uparrow + Pb(NO_3)_2$$

因此,可用此性质将叠氮化铅溶于稀硝酸中,再加入亚硝酸钠进行销毁。但为了避免在销毁的过程中所释放出大量的叠氮酸伤及人的眼睛,可在操作的时候先加入亚硝酸钠,充分搅拌后再加入稀硝酸。

值得注意的是,无论是干或是湿的叠氮化铅,浓硝酸都能使其发生激烈分解,从而导致爆炸。这是由于浓硝酸在与叠氮化铅发生反应时所释放出的热量足以维持自热反应,而直接导致叠氮化铅爆炸。所以,在生产中不能用浓硝酸或浓硫酸对叠氮化铅进行销毁。

在碱性介质中,叠氮化铅能够分解形成碱性叠氮化铅。这种分解进行得比较缓慢,这是因为碱性介质在叠氮化铅晶体表面会形成一种保护膜,阻止碱性溶液向叠氮化铅晶体内部渗透,阻碍分解作用的继续进行。但在加热及搅拌的条件下,可以加速碱性溶液对叠氮化铅的分解作用。

(5) 与金属作用

在火工品装填中,一般都是将叠氮化铅装填在金属壳体中使用。所以,了解叠氮化铅对各种金属的相容性是非常重要的。

叠氮化铅在水及潮湿的二氧化碳作用下,会发生分解反应生成叠氮酸气体,而叠氮酸能够与铜及其合金发生作用,生成极为敏感的叠氮化铜。因此,当用铜及其合金来制造叠氮化铅雷管的管壳和加强帽时,会有少量的叠氮化铜生成,使起爆药的感度增高,在射击时可能引起早爆或膛炸。所以,不宜使用含有金属铜成分的器具装填叠氮化铅或制备叠氮化铅。若使用黄铜或铜的合金作为壳体,则应用锡、锌、银等作铜或黄铜的保护膜。

叠氮酸与铜反应的方程式如下:

$$Cu(s) + HN_3(g) \rightarrow CuN_3 + NH_3 + N_2$$

$$CuN_3 + O_2 + H_2O \rightarrow Cu(N_3)_2 \cdot Cu(OH)_2 + Cu(N_3)_2 \cdot 2Cu(OH)_2 + Cu(N_3)_2 \cdot 3Cu(OH)_2 + Cu(N_3)_2 \cdot 8CuO \cdot H_2O$$

叠氮化铅分解的 HN_3 与塑料、玻璃、锡、铝、银、金及不锈钢等不发生作用,与铁会稍有作用。所以,目前大多使用铝来作为装填叠氮化铅雷管的管壳和加强帽等。

(6) 与强氧化剂的溶液反应

$$Pb(N_3)_2 + (NH_4)_2Ce(NO_3)_6 \rightarrow N_2 \uparrow + NH_4NO_3 + Ce(NO_3)_3 + Pb(NO_3)_2$$

$$Pb(N_3)_2 + Ce(SO_4)_2 \rightarrow N_2 \uparrow + PbSO_4 + Ce_2(SO_4)_3$$

叠氮化铅会与硝酸铈铵发生化学反应,生成硝酸铈。硝酸铈铵是橙红色单斜细粒结晶,而硝酸铈是无色粒状结晶,可以通过颜色的变化来判断叠氮化铅的存在,故用这些反应来分析叠氮化铅的纯度。

(7) 光解反应

由于 N_3 基团是一个光活性极高的基团,能够吸收光波的能量,从而导致分解:

$$Pb(N_3)_2 = 3N_2 \uparrow + Pb$$

当有水分存在时,加速反应,反应更加复杂。因此,叠氮化铅起爆药应当避光保存。对 X、α、γ、电子束、激光等射线都有感度,当能量足够时,都会引起爆炸。

5.1.3 制备方法

将高浓度的叠氮化钠溶液快速加入有机械搅拌的过量硝酸铅溶液中,瞬间在反应液中析出白色粉末的叠氮化铅结晶,其反应式为

$$Pb(NO_3)_2 + NaN_3 \xrightarrow[40 \sim 45 \text{ min}]{65 \sim 75 \text{ °C}} Pb(N_3)_2 + NaNO_3$$

欲制得符合要求的粉末叠氮化铅结晶,需控制好化合温度、加料时间和料液的 pH 等条件。为了便于装药,产品在洗涤抽干后,需用绢筛进行造粒,然后干燥、筛选。具体的制备方法如下:

(1) 15%硝酸铅溶液的配置

将计量的硝酸铅置于三角烧瓶内加水溶解,过滤(如用分析纯试剂,也可不过滤),再用10%硝酸调节 pH 为 1~2,测定其密度,合格后备用。

(2) 10%叠氮化钠溶液的配置

将计量的叠氮化钠置于三角烧瓶内加水溶解,用10%硝酸钡除去 CO_3^{2-},操作时每次加

入少许,出现白色沉淀后摇匀再加,当加入硝酸钡溶液后不再出现白色沉淀时,再多加 3~5 滴,静置 10 min 左右,过滤,测定其密度,再加 10% 硝酸调节 pH 为 6~7。

(3) 化合

按化学计量比量取配好的硝酸铅溶液,全部置于化合器内,再量取配好的叠氮化钠溶液,加入分液漏斗内。打开化合器的搅拌装置,开始加热,当化合器内温度达到 25~35 ℃ 时,开始均匀滴加叠氮化钠溶液,控制加料时间。加料过程中,维持化合器内温度为 25~35 ℃。加料完毕后保温,然后出料。

(4) 出料处理

出料后先将母液倾除,在化合器内用倾析法水洗 2~3 次,然后用布氏漏斗过滤,在过滤器内水洗 5~6 次,至滤液用二苯胺硫酸溶液检查无蓝圈(方法:于试管中加 5 mL 二苯胺硫酸溶液,加一滴滤液,静置,观察有无蓝圈),再用 95% 乙醇洗 2 次,最后用丙酮洗 2 次。将过滤后抽干的粉末叠氮化铅置于 CQ15 筛网上,间接用橡皮耙扒动进行造粒,然后置于干燥药盘内,放入液浴烘箱中干燥,干燥温度为 40~50 ℃,干燥时间为 8 h 左右,干燥后放至室温,最后用 CQ11 筛网进行筛选。

叠氮化铅制备流程如图 5.3 所示。

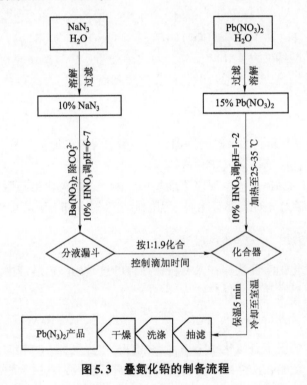

图 5.3 叠氮化铅的制备流程

5.1.4 销毁处理

母液中含有少量颗粒微小的叠氮化铅结晶和溶解于母液的叠氮化铅。这种母液应及时销毁,以防冷却时析出危险的针状结晶。销毁的方法一般用硝酸分解叠氮化铅,但由于分解时放出 HN_3 气体,故需在销毁过程中预先加入亚硝酸钠,再加入稀硝酸溶液。稀硝酸可以破坏叠氮化铅溶液,亚硝酸钠分解出的 NO 可以使 HN_3 气体分解,其反应为

$$Pb(N_3)_2 + 2HNO_3 = 2NH_3 + Pb(NO_3)_2$$
$$NaNO_2 + HNO_3 = HNO_2 + NaNO_3$$
$$3HNO_2 = 2NO + HNO_3 + H_2O$$
$$4HN_3 + 2NO = 2H_2O + 7N_2 \uparrow$$

为鉴定母液是否销毁完全,可用3%的$FeCl_3$溶液检查N_3^-是否存在,如果没有销毁完全,则会生成红色的叠氮化铁:

$$Fe^{3+} + 3N_3^- = Fe(N_3)_3$$

5.1.5 爆炸性能

(1) 假密度

将被测药剂以自由落体的方式倒入已知体积的容器中,称量该体积下被测药剂的质量,计算假密度。按以下公式计算药剂假密度:

$$\rho = M/V$$

式中,ρ——药剂假密度,$g \cdot cm^{-3}$;

M——药剂质量,g;

V——药剂在玻璃量筒内的体积,cm^3。

结晶叠氮化铅的假密度测定结果见表5.7。由表可知,结晶叠氮化铅的假密度为0.83 $g \cdot cm^{-3}$,颗粒较密实,密度较大。假密度的大小与样品的晶体形貌有很大的关系,近球形的样品,其假密度通常会更高。

表5.7 叠氮化铅起爆药的假密度

样品	质量/g	体积/cm^3	假密度/($g \cdot cm^{-3}$)
叠氮化铅	2.48	3	0.83

(2) 热分解性能

采用差示扫描量热仪,对叠氮化铅热分解动力学和热力学参数进行测试。将约0.5 mg样品置于敞口铝坩埚中,升温速率分别为5、10、15和20 $K \cdot min^{-1}$。表5.8列出了不同升温速率下样品的主要放热分解峰的峰顶温度。基于表中不同升温速率及其对应的峰顶温度,用Kissinger法和Ozawa法计算放热分解过程的活化能和指前因子,见表5.9。从表中数据可以看出,两种方法计算得到的活化能具有较好的一致性,拟合的相关系数均高于0.99,结果可靠。

表5.8 叠氮化铅不同升温速率下的峰温

$\beta/(K \cdot min^{-1})$	T_p/K
5	614.6
10	640.4
15	650.9
20	659.6

表5.9 叠氮化铅放热分解峰的非等温动力学参数

样品	$E_K/(kJ \cdot mol^{-1})$	$\lg A_K$	R_K	$E_0/(kJ \cdot mol^{-1})$	R_0
叠氮化铅	92.5	5.23	-0.994 1	97.97	-0.995 2

E_K：用 Kissinger 法计算得到的活化能；A_K：用 Kissinger 法计算得到的指前因子；R_K：Kissinger 法拟合的相关系数；E_0：Ozawa 法计算得到的活化能；R_0：Ozawa 法拟合的相关系数。

得到的放热分解过程的外延起始温度（T_{p0}）、热爆炸临界温度（T_{bp}）、反应熵（$\Delta S^{\neq}$）、反应焓（$\Delta H^{\neq}$）和吉布斯自由能（$\Delta G^{\neq}$）等热力学参数，见表5.10。

表5.10 叠氮化铅放热分解峰的热力学参数

样品	T_{p0}/K	T_{bp}/K	$\Delta S^{\neq}/(J \cdot mol^{-1})$	$\Delta H^{\neq}/(kJ \cdot mol^{-1})$	$\Delta G^{\neq}/(kJ \cdot mol^{-1})$
叠氮化铅	560.0	589.5	-149.95	87.80	171.78

（3）热感度与机械感度

叠氮化铅的热感度与机械感度数据见表5.11，测试方法及条件如下：

5 s 爆发点（T_5）：伍德合金浴，20 mg 样品，在 5 个不同的温度下各平行测试 5 组有效数据。

撞击感度（$H_{50}(I)$）：药量 20 mg，落锤质量 800 g，取 0.1 cm 作步长，制样 30 发，采用升降法进行试验，测取 50% 发火高度 H_{50}。

火焰感度（$H_{50}(F)$）：标准黑火药柱，升降法测试 25 发有效数据，20 mg 样品，测取 50% 发火高度 H_{50}。

摩擦感度（P）：20 mg 样品，70°摆角，1.23 MPa，采用爆炸概率法进行试验。

表5.11 叠氮化铅的机械感度

样品	$T_5/℃$	$H_{50}(I)/cm$	$H_{50}(F)/cm$	$P/\%$
叠氮化铅	371.2	23.3	8	88

叠氮化铅的撞击感度比雷汞的低，故一般不用机械的方法起爆纯叠氮化铅。叠氮化铅的摩擦感度与它的结晶形状及其所含杂质有关。针形结晶最敏感，而短柱状结晶和没有一定晶形的粉末叠氮化铅感度较低。如在叠氮化铅中加入硬杂质，则可以增加其感度；掺入软杂质，则降低其感度。

叠氮化铅的缺点是火焰感度低，它受火焰作用发火较雷汞钝感。为了改进叠氮化铅的火焰感度，早在 1871 年，曾有人用黑火药来引燃叠氮化铅，但由于黑火药燃烧缓慢，又有吸湿性等缺点，故没有被采用。在装填叠氮化铅的火焰雷管中，将沥青钝化的三硝基间苯二酚铅压装在叠氮化铅表面，用以点燃叠氮化铅，同时还可以避免空气中水分和二氧化碳对叠氮化铅的作用。

（4）静电火花感度

静电火花感度可采用升降法测试程序进行试验和记录数据，每组测试 25 发有效数据。测试条件：电压极性为负；电容为 10 000 pF；无串联电阻；极针间隙为 0.12 mm。样品量为

18 mg，松装，环境温度（25±2）℃，相对湿度（45±2）%，测试结果见表5.12。

表5.12 叠氮化铅的静电火花感度

样品	50%发火电压 V_{50}/kV	50%发火能量 E_{50}/mJ
叠氮化铅	4.76	113.3

（5）极限起爆药量

叠氮化铅的起爆能力强是它的突出优点。有关叠氮化铅起爆药的极限药量数据，许多文献报道各不相同。这不仅与试验条件有关，也与叠氮化铅本身纯度、晶形、颗粒大小及制造条件等有关。如起爆三硝基苯甲硝胺（特屈儿）的极限药量与叠氮化铅纯度、晶形等的关系见表5.13。

表5.13 起爆三硝基苯甲硝胺时不同叠氮化铅的极限药量

叠氮化铅试样	纯度/%	极限起爆药量/g
用10% NaN$_3$ 溶液与15% Pb(NO$_3$)$_2$ 溶液制得的Pb(N$_3$)$_2$	99.00	0.020
用15% NaN$_3$ 溶液与15% Pb(NO$_3$)$_2$ 溶液制得的Pb(N$_3$)$_2$	98.16	0.030
用15% NaN$_3$ 溶液与15% Pb(CH$_3$COO)$_2$ 溶液制得的Pb(N$_3$)$_2$	87.45	0.035
用10% NaN$_3$ 溶液与15% Pb(CH$_3$COO)$_2$ 溶液制得的Pb(N$_3$)$_2$	98.00	0.040
针状结晶 Pb(N$_3$)$_2$	—	0.020
短柱状结晶 Pb(N$_3$)$_2$	—	0.030

从表5.13中可以看出，在有硝酸根离子存在的溶液中所得的叠氮化铅，比有醋酸根离子存在的溶液中所得的叠氮化铅，其起爆力大0.5~1倍。而对于加入不同晶形控制剂的叠氮化铅来说，起爆不同的猛炸药所需要的极限起爆药量也不相同，见表5.14。但从总体的数量来说，还是可以看出叠氮化铅具有较小的极限起爆药量，具有很强的起爆能力。另外，装药的工艺及压药压力与极限起爆药量的测试结果也是有直接关系的，表5.15列出了在150~250 MPa的压药压力下极限起爆药量数值的对比。

表5.14 起爆不同猛炸药的叠氮化铅的极限起爆药量　　　　　　　　　　　　mg

样品	PETN	RDX	HMX
糊精-LA	12	13	14
结晶-LA	6	7	8
CMC-LA	4	7	7

表5.15 叠氮化铅的耐压性

极限起爆药量/mg	压药压力/MPa	起爆/%	2 mm 铅板/mm
7.0	150	100	6.89
7.0	200	100	7.01
7.0	250	85	7.00

(6) 燃烧热

利用高压氧弹量热仪,对叠氮化铅的燃烧热进行测定,充氧 1 min,充氧压力 3.1 MPa。保证氧弹内样品能燃烧充分。测试结果见表 5.16。

表 5.16　叠氮化铅的燃烧热

样品	试样 1 燃烧热/(MJ·kg^{-1})	试样 2 燃烧热/(MJ·kg^{-1})	平均值/(MJ·kg^{-1})
叠氮化铅	2.087 9	2.213 7	2.150 8

(7) 爆炸性能

叠氮化铅在爆炸时,可按下述方程式分解:

$$Pb(N_3)_2 = Pb + 3N_2 \uparrow + 10^6 \text{ kJ}$$

计算出以下爆炸性能参数:

爆热 $Q = 364 \text{ kJ} \cdot \text{kg}^{-1}$;

爆温 $T = 4\ 333 \text{ ℃}$ (或 4 100 ℃);

爆炸分解气体生成物体积 $V = 308 \text{ L} \cdot \text{kg}^{-1}$。

叠氮化铅的爆速随其装填密度的变化而变化,见表 5.17。

表 5.17　叠氮化铅的爆速与密度的关系数据表

装填密度 ρ_0/(g·cm^{-3})	爆速 D_0/(m·s^{-1})
1.06	2 664
1.18	3 322
2.56	4 478
3.51	4 745
3.96	5 123
4.05	5 276

从爆炸性能的数据可以看成出,与雷汞起爆药相比较,除爆温外,叠氮化铅的爆炸性能参数均低于雷汞的。但由于叠氮化铅的爆炸变化加速度比雷汞的大,即在较短时间内可以加速到稳定爆轰。因而在单位时间内会有更大的能量释出,所以,它的起爆能力要比雷汞的大很多。

5.1.6　自爆现象与机理

叠氮化铅在生产与使用的过程中常常会出现自爆的现象,主要表现在生产母液存放或者重结晶叠氮化铅时,产生自爆。归纳其易自爆的现象为:①自爆前都有长针状叠氮化铅结晶生成;②在稀溶液条件下易产生自爆;③静置状态、没有外界扰动时易自爆;④结构不稳定,具有不安定的杂质而产生的自爆现象。

在叠氮化铅晶体生长的 1~2 h 内,可以观察到 NaN_3、$Pb(NO_3)_2$ 与 $NaNO_3$ 溶液界面间的缓缓扩散。当晶核产生并开始成长时,在 NaN_3 与 $NaNO_3$ 溶液界面处会长出透明针状晶体,随着时间延长,晶体长大,可长到 5~10 mm。若此时一直以针状晶体生成,晶体在成长的 16~18 h 内，可能会发生自爆。若晶体在 18~24 h 内不发生爆炸，则在两端面处都长出针状—簇簇 β-LA 结晶。

这主要是因为在缺乏晶种的条件下，形成过饱和溶液，突然短时间内形成大量的表面活泼的微小丛晶，结晶时释放出大量的热而引起敏感结晶的爆炸。在受热时，β 型的分解速度比 α 型的快，对震动、摩擦、冲击等外界敏感。当 β 型晶体脱离液态时，是稳态的晶型，但在晶体成长的母液中是不安定的，有自爆危险。

针状结晶是一种不稳定的晶形，且会有多种不安定的杂质存在，如 $Pb(N_3)_4$、$Pb(N_3)_2 \cdot mHN_3$、$Pb(N_3)_2O_3$、$Pb(N_3)_2(OH)_2$ 等。只要有足够的能量作用于这些晶体中，或自身晶体间相互碰撞，就会引起快速分解爆炸。由于在生成结晶过程中，大多数结晶尚未长大就沉于溶液底部，在溶液中造成了电荷不平衡，会聚集产生静电。当静电电位梯度足够大时，发生放电，产生火花，引起自爆。可通过加入晶形控制剂来抑制 LA 各晶面的相对生长速度，避免在短时间内自发地生成大量的细结晶，可防止 β-LA 晶形的产生，从而防止自爆。

5.1.7 改性叠氮化铅

为了改善叠氮化铅的晶体形貌，常用晶形控制剂对叠氮化铅的晶形进行改性。常用的晶形控制剂有糊精、聚乙烯醇（PVA）、羧甲基纤维素（CMC）、聚酰胺（PAA）等。为了进一步钝化叠氮化铅，常用惰性材料加以修饰，如石蜡、石墨、石墨烯等。

(1) 石蜡 LA

石蜡为惰性物质。经过石蜡处理造粒形成的叠氮化铅，感度会明显降低，流散性好，但石蜡的加入也使 LA 起爆药功力大大下降，耐压性变差，超过 70 MPa 后，起爆不完全。石蜡熔点为 54 ℃，高温贮存后，石蜡先液化再固化，析出蜡层，引起雷管瞎火。

(2) 糊精 LA

以糊精为控制剂，制备得到短柱或球形颗粒状的叠氮化铅。球形叠氮化铅是在硝酸铅与氮化钠水溶液化合反应过程中加入糊精控制剂制得。在叠氮化铅结晶过程中加入一定量的糊精溶液能抑制叠氮化铅晶体尖端部位的成长，增加反应溶液黏度，增加晶体表面的液膜厚度，从而有利于晶形的形成。此外，采用合适的反应温度、搅拌速度，并严格控制溶液的 pH、浓度、加料方法与加料时间等一系列工艺环节，可以制得球形的糊精叠氮化铅起爆药。显微镜下的晶体形状如图 5.4 所示。

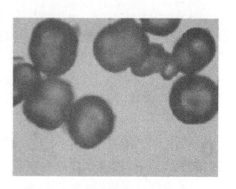

图 5.4 球形的糊精叠氮化铅起爆药

(3) 羧甲基纤维素 LA

以羧甲基纤维素钠（CMC-Na）水溶液为结晶控制剂，在较低温度下能制备出一种高性能的晶体形貌佳的叠氮化铅起爆药。

(4) 石墨 LA（导电 LA）

在 LA 晶体的成长过程中，以石墨为晶核，将其夹杂在 LA 晶体中形成导电组分，生产出的一种具有导电性能的叠氮化铅起爆药。

（5）石墨烯 LA

石墨烯（GNP）改性 LA 样品的制备路线如图 5.5 所示。包括两种制备方法：① 在合成 LA 的过程中，向反应液 $Pb(NO_3)_2$ 溶液中加入 GNP，再滴加 NaN_3 溶液；② 用 GNP 和黏合剂对常规 LA 进行包覆，造粒。分别用 GLA（Ⅰ）、GLA（Ⅱ）表示由方法（Ⅰ）和（Ⅱ）制得的改性 LA 样品。

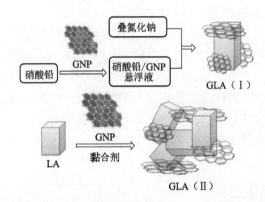

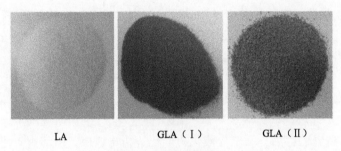

图 5.5　GNP 改性的 LA

图 5.5 为 LA、GLA（Ⅰ）和 GLA（Ⅱ）样品的外观形貌图，可以明显看出，两种方法得到的改性 LA 样品的颜色均为灰色或黑色，样品都均匀一致，流散性好。GLA（Ⅱ）样品中，LA 晶体被黏结成较大的颗粒。

5.2　叠氮化铜

叠氮化铜，化学式为 $Cu(N_3)_2$，是叠氮酸的铜盐，1943 年由斯特劳马尼斯等人制备得到。叠氮化铜是一种高感度的起爆药。在 25 ℃时，叠氮化铜的相对密度为 2.604。难溶于水，微溶于酸（包括醋酸）和液氨。在空气中加热，迅速分解为铜和氮气。叠氮化铜潮湿时无爆炸危险，干燥时或用乙醚润湿时对摩擦极敏感。其置于火焰中会发生爆炸，在干燥条件下对静电、摩擦和撞击都比较敏感。叠氮化铜最大的优点就是其感度高、起爆性能良好，通过较小的能量刺激就可以成功起爆，所产生的燃烧转爆轰的能力基本上满足于一些特殊火工品的要求，尤其在新式武器中和 MEMS 体系中更有可适用性。

5.2.1　物理性质

叠氮化铜的结构式为：N≡N=N—Cu—N=N≡N 或者 (N≡N=N—Cu—N=N≡N)$_n$，

相对分子质量为146.95。由于合成条件不同,所得叠氮化铜可以是黑褐色的粉末或黑褐色不透明的针状晶体。在空气中加热,则分解为金属铜和氮气。如图5.6所示,叠氮化铜的晶体属于 P_{nma} 空间群,晶胞尺寸:$a = (13.418 \pm 0.002)$ Å,$b = (3.084 \pm 0.001)$ Å,$c = (9.076 \pm 0.002)$ Å,晶体体积为377.72 Å³。

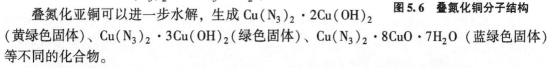

图5.6 叠氮化铜分子结构

5.2.2 化学性质

叠氮化铜在空气中会缓慢分解,生成叠氮化亚铜:

$$2Cu(N_3)_2 = 2CuN_3 + 3N_2 \uparrow$$

叠氮化亚铜可以进一步水解,生成 $Cu(N_3)_2 \cdot 2Cu(OH)_2$(黄绿色固体)、$Cu(N_3)_2 \cdot 3Cu(OH)_2$(绿色固体)、$Cu(N_3)_2 \cdot 8CuO \cdot 7H_2O$(蓝绿色固体)等不同的化合物。

在水中用肼等还原剂可容易地将叠氮化铜还原成白色的叠氮化亚铜(CuN_3)。

5.2.3 制备方法

叠氮化铜有多种制备方法,一类是以复分解反应制备叠氮化铜的方法,其反应式如下:

$$Cu(NO_3)_2 + 2NaN_3 = Cu(N_3)_2 + 2NaNO_3$$
$$Cu(NO_3)_2 + 2LiN_3 = Cu(N_3)_2 + 2LiNO_3$$

其典型的制备过程如下:将含有三水合硝酸铜的水溶液,与含有叠氮化钠的水溶液在冰浴的条件下混合,生成的沉淀集于布氏吸滤漏斗上,并用冷水洗涤数次。然后,将湿态的沉淀放入叠氮酸中,静置后进行抽滤。所得沉淀用乙醇及乙醚洗涤,并于室温下干燥,即可制得叠氮化铜。

另一类是以叠氮酸为原料制备叠氮化铜的方法,其反应式如下:

$$Cu + 6HN_3 = Cu(N_3)_2 + 2NH_3 \uparrow + 3N_2 \uparrow$$
$$CuO + 2HN_3 = Cu(N_3)_2 + H_2O$$

其典型的制备过程如下:将叠氮化钠和硬脂酸置于圆底烧瓶中,于130~140 ℃下加热,生成的叠氮酸气体通入装有铜粉或氧化铜的装置中,反应36~48 h。未反应的叠氮酸气体用过量的氢氧化钠或者氢氧化钾溶液吸收,防止泄漏,以免造成爆炸或者对人体造成毒害。

这种制备的方法更适合在已有的器件上进行原位反应,实现原位装药,有效地避免了叠氮化铜样品感度较高、不易进行装填等直接操作带来的危险。此外,用过量的2%叠氮酸处理碱式碳酸铜时,也可得到叠氮化铜。

5.2.4 销毁处理

叠氮化铜受到静电、摩擦、撞击等外界作用时,虽然容易爆炸,但它在湿润条件下敏感度会受到一定限度。销毁叠氮化铜通常采用化学法。主要是通过化学药剂将叠氮化铜分解,使之失去爆炸能力。具体操作步骤为:用水淹没废药,加入一定量的亚硝酸钠饱和水溶液,再加入一定量的稀硝酸,搅拌20 min以上。

用硝酸销毁叠氮化铜的反应式如下:

$$Cu(N_3)_2 + 2HNO_3 = 2HN_3\uparrow + Cu(NO_3)_2$$

生成的叠氮酸有剧毒，因此，在加硝酸前，应加入一定量的亚硝酸钠饱和溶液，使之生成亚硝酸，生成的亚硝酸极不稳定，将按下式分解并生成一氧化氮。

$$3HNO_2 = HNO_3 + H_2O + 2NO\uparrow$$

一氧化氮能与叠氮酸反应生成氮气而逸出，从而消除叠氮酸的毒性。

$$4HN_3 + 2NO = 2H_2O + 7N_2$$

销毁后用黄色的三氯化铁溶液检测 N_3^- 的存在情况，如果有 N_3^- 存在，则生成叠氮化铁，溶液呈红色，说明未销毁完全，应继续补加亚硝酸钠饱和溶液和硝酸进行彻底销毁。

$$Fe^{3+} + 3N_3^- = Fe(N_3)_3$$

应当注意的是，在加入硝酸前如果亚硝酸量不足，则废液中的 N_3^- 不易除干净，有时误认为叠氮化铜未销毁干净，则再次追加硝酸，这样不但不能使 N_3^- 除干净，而且浪费硝酸，同时增加废水的酸度，不利于废水的处理。

5.2.5 爆炸性能

叠氮化铜系列产物对机械感度并不比叠氮化铅敏感，但对于电场或者电荷等的感度比叠氮化铅敏感得多（最低起爆能力为 1~10 μJ）。

该类化合物的热感度不大，爆发点为 180 ℃，当受到火焰作用时，大多产生爆轰，其性能见表 5.18。

表 5.18 叠氮化铜系列化合物受火焰作用的性能

样品	性能	样品	性能
$Cu(N_3)_2$	爆轰	$Cu(N_3)_2\cdot 2Cu(OH)_2$	闪光
CuN_3	爆轰	$Cu(N_3)_2\cdot 3Cu(OH)_2$	迅速燃烧
$Cu(N_3)_2\cdot Cu(OH)_2$	爆轰	$Cu(N_3)_2\cdot CuO\cdot 7H_2O$	缓慢分解

叠氮化铜在潮湿的环境下较为安定，一般不会发生爆炸。干燥时或用乙醚润湿时，对摩擦极敏感，1 kg 的落锤在 1~2 cm 撞击就可使其爆炸。0.000 4 g 的叠氮化铜即可引爆太安（季戊四醇四硝酸酯，PETN）。叠氮化铜置于火焰中也会发生爆炸，其爆速可达 5 000~5 500 m·s^{-1}，爆炸温度为 202~205 ℃。因此，可以看出，叠氮化铜的危险性极高，尤其在储存和转运过程中，都应保持湿润，并隔绝氧气，否则极小的静电和摩擦都可以使其发生爆炸，或者发生变质，生成叠氮化铜的碱性物质。

5.2.6 改性叠氮化铜

针对叠氮化铜的敏感特征，又考虑到微小雷管或是集成式火工品的装药结构特点，叠氮化铜可以采用原位装药的方式进行制备。同时，也可以采用掺杂的方式对叠氮化铜进行改性。

(1) 原位制备碳纳米管叠氮化铜

为了控制叠氮化铜的感度，尤里等人通过把敏感的叠氮化铜装在碳纳米管中，从而达到使其钝感的效果。其工艺示意图如图 5.7 所示。

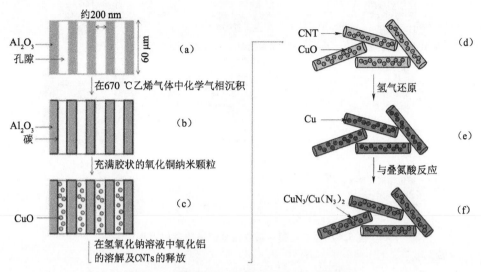

图 5.7　碳纳米管包裹叠氮化铜的工艺过程

具体工艺为：① 胶体的 CuO 纳米粒子的合成；② 以氧化铝为模板，通过化学气相沉积法制备碳纳米管；③ 用 CuO 纳米粒子填充碳纳米管孔隙；④ 碳纳米管脱模；⑤ H_2 还原碳纳米管中的 CuO 纳米粒子；⑥ 与叠氮酸发生原位叠氮化反应，得到碳纳米管包裹的叠氮化铜。

图 5.8 为碳纳米管包裹叠氮化铜的透射电镜图。可以看出，该方法制备的叠氮化铜可以较好地分散在碳纳米管内部，这样的结构可大大提高叠氮化铜的安定性，但是 H_2 还原后，碳纳米管内仍有部分 CuO 残留，碳纳米管内为 $Cu(N_3)_2$、CuN_3 及 CuO 的混合物。

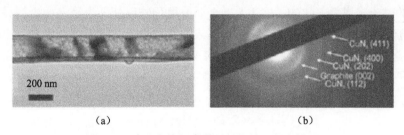

图 5.8　碳纳米管包裹叠氮化铜的透射电镜图

（2）原位制备碳基叠氮化铜

利用含 Cu 金属有机框架材料高比表面积和较好结构稳定性的特点，将前驱体材料进行碳化反应，得到分布均匀的多孔 Cu-C 复合物。利用原位的气-固反应制备叠氮化铜，获得叠氮化铜-碳复合物起爆药。叠氮化铜-碳复合物的摩擦感度和撞击感度变化不大，但其静电感度和火焰感度会随着碳含量的增加而降低。分析叠氮化铜-碳复合物高效降低静电感度的机理，发现除了碳含量对叠氮化铜的静电感度有影响外，叠氮化铜在碳框架中的均匀程度决定了碳框架是否可以有效转移叠氮化铜周围的静电荷，从而影响其静电感度。该叠氮化铜-碳复合物在降低静电感度的同时，也满足了一些火工品对起爆药的极限起爆能力的要求，如图 5.9 所示。

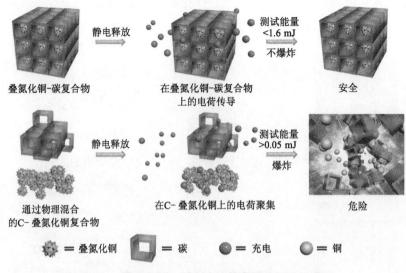

图 5.9 叠氮化铜－碳复合物静电降感机理示意图

5.3 其他叠氮化物

叠氮化物大概可以分为有机叠氮化物和无机叠氮化物两大类,无机叠氮化物在全部叠氮化物中占据较大比例。无机叠氮化物大致含有如下几类:叠氮离子盐类,如 NaN_3 等碱金属叠氮化物;离子键与共价键共存的叠氮配合物类,如 $Pb(N_3)_2$ 等;以及一些含有共价键的非金属叠氮化物,如 HN_3。

(1) ⅡA 族的金属叠氮化物

ⅡA 族的碱土金属叠氮化物是除ⅠA 碱金属叠氮化物以外最为稳定的金属叠氮化物,其中大部分属于离子化合物。1959 年,Evans 等人发表的文献中报道了分别利用 $Be(CH_3)_2$ 和 $Mg(C_2H_5)_2$ 与 HN_3 反应制备无水 $Be(N_3)_2$ 和 $Mg(N_3)_2$ 的方法,这两种物质在通常环境下不稳定,极易吸水潮解。

$$Be(CH_3)_2 + 2HN_3 = Be(N_3)_2 + 2CH_4$$
$$Mg(C_2H_5)_2 + 2HN_3 = Mg(N_3)_2 + 2C_2H_6$$

Olaf Reckeweg 等人研究了 $Ca(N_3)_2$、$Ba(N_3)_2$、$Sr(N_3)_2$ 晶体结构,并且列出了其拉曼散射和红外吸收振动峰的位置。C. R. Brazier 等人测试了 $Ca(N_3)_2$ 和 $Sr(N_3)_2$ 的激光光谱。Zhu 等人对 $Ba(N_3)_2$ 和 $Sr(N_3)_2$ 的电子结构和光学性质进行了理论研究。

(2) ⅢA 族的金属叠氮化物

ⅢA 族的叠氮化物大部分是由低温下该主族元素对应的金属氢化物与 HN_3 反应制得,如下为制备 $B(N_3)_3$、$Al(N_3)_3$ 及 $Ga(N_3)_3$ 的反应方程式:

$$BH_3 + 3HN_3 = B(N_3)_3 + 3H_2 \uparrow$$
$$AlH_3 + 3HN_3 = Al(N_3)_3 + 3H_2 \uparrow$$
$$GaH_3 + 3HN_3 = Ga(N_3)_3 + 3H_2 \uparrow$$

$B(N_3)_3$ 室温下容易分解成 BN 和 N_2 分子。Wiberg 和 R. D. Coombe 等人采用不同的液相

和气相反应合成出了 $B(N_3)_3$，产物的纯度和产率得到了不同程度的提高。

2001 年，T. M. Klapotke 等人合成出了含有高能量密度的 $B(N_3)_4^-$ 复合晶体。K. O. Christe 等人通过将其与 N_5^+ 进行络合，合成了含氮量高达96%的络合离子 $N_5^+[B(N_3)_4]^-$，被视为一种高能量密度化合物。

1996 年，C. J. Linnen 等人利用 $Al(CH_3)_3$ 与 HN_3 反应的方法也成功制备出了 $Al(N_3)_3$，并且利用红外光谱表征出其在室温下是稳定的。此外，该研究小组发现 $Al(N_3)_3$ 还可以作为制备氮化铝（AlN）薄膜的前驱物。1972 年，Eugene R. Wagner 研究了 $Al(N_3)_3$ 在有机催化方面的应用。由于 Al 的价态不单一，可以与 N 形成多种氮化物，例如，Lester Andrews 和 Bong Hyun Boo 等人对 AlN_2、Al_2N、Al_2N_2、AlN_3 及 Al_3N 等一系列物质的制备方法、光谱学及结构和能量等性质进行了研究。

相对 $B(N_3)_3$ 和 $Al(N_3)_3$ 而言，目前对于 $Ga(N_3)_3$ 的研究还较少。该族中 Tl 元素对应的叠氮化物为 TlN_3，其在常温常压下为固体且相对稳定，对其各种物理化学性质的研究相对较丰富。1972—1974 年，先后有多名美国科研工作者对其进行了低温下结构稳定性和光谱性质的研究。1979 年，F. J. Owens 对 TlN_3 高温下的结构稳定性进行了研究，发现在高温下 TlN_3 发生了四方相到立方相的结构相变。接着 C. W. Christoe 等人开展了 TlN_3 的高压性质和结构的研究，揭示了此压力下的结构相变，但受试验条件所限，能达到的最高压力相对较低。

(3) ⅣA 族的金属叠氮化物

ⅣA 族的叠氮化物多为共价型的含碳化合物，且其中无机物占少数，大部分为有机叠氮化物。例如，目前已经合成出的叠氮化氰（CN_3）、叠氮碳酸（$CO(N_3)_2$）、叠氮草酸 $O_2C(N_3)_2$ 及叠氮化碳离子 $C(N_3)_3^+$ 等。其中 CNN_3 是 F. D. Marsh 等人通过 NaN_3 与 ClCN 在无水乙腈中获得的，其为有强烈爆炸性的无色油状物。Crutius 利用亚硝酸钠与二盐酸碳酰肼制备的 $CO(N_3)_2$，具有易爆性和挥发性，室温下为白色晶状固体。$C(N_3)_3^+$ 的 $SbCl_6^-$ 盐在 1970 年由 Mulle 制得。1997 年，K. O. Christe 课题组合成了更加稳定的 $C(N_3)_3^+ N(NO_2)_2^-$、$C(N_3)_3^+ ClO_4^-$ 等物质。

(4) ⅤA 族的金属叠氮化物

ⅤA 族元素中 N 元素形成的叠氮和多氮化合物可谓是最特殊的一类。它们是全氮类物质，不但含氮量高，而且所含的能量密度较高，是最为理想的富氮含能材料。例如，理论研究预测并研究了一系列的多叠氮胺类（如 NN_3、$N(N_3)_2^-$、$N(N_3)_3$、$N(N_3)_4^-$、$N(N_3)_4^+$、$N(N_3)_5$ 和 $N(N_3)_6^-$），并发现 NN_3 和 $N(N_3)_3$ 二者的爆炸性能比 RDX 和 HMX 的优越。但因为此类全氮物质一般比较敏感且易爆炸，因此很难在实验室合成和进行研究。相对于 N 元素对应的全氮类化合物，该主族的其他元素构成的叠氮化合物要丰富一些，包括 3 价、5 价叠氮化物及一些离子叠氮化物。

20 世纪六七十年代就有 $P(N_3)_3$、$P(N_3)_5$ 及 $P(N_3)_4^+$ 和 $P(N_3)_6^-$ 一系列磷的叠氮化合物被合成出来，但这些化合物的具体结构都没能确定。T. M. Klapotke 和 K. O. Christe 等人对砷和锑叠氮化物的成功合成做出了突出的贡献。此后就有 $As(N_3)_3$、$As(N_3)_5$、$As(N_3)_4^+$、$As(N_3)_4^-$、$As(N_3)_6^-$、$Sb(N_3)_3$、$Sb(N_3)_5$、$Sb(N_3)_4^+$、$Sb(N_3)_4^-$、$Sb(N_3)_6^-$ 等一系列砷和锑的叠氮化物被成功合成出。

(5) ⅥA族的金属叠氮化物

ⅥA族元素有+2、+4、+6价的多种价态,但是该族元素形成的叠氮化物并不像VA族那么丰富。其中硫对应的叠氮化物只有$SO_2(N_3)_2$和$SO(N_3)_2$。$SO_2(N_3)_2$是Curtius等人利用SO_2Cl_2和潮湿的NaN_3反应合成的,其产物在室温下不稳定,易分解,受热时会爆炸。$SO(N_3)_2$是北京工业大学的郑世钧课题组利用$SOCl_2$气体与AgN_3表面反应制得的,并对其进行了电子能谱等量子化学方面的表征。硒元素对应的叠氮化物更加少见,目前被报道的只有$RSeN_3$($R = CH_3$、C_6H_5、C_6F_5等)。碲的叠氮化物及叠氮络合物相对多一些,例如$Te(N_3)_4$、$Te(N_3)_5^-$、$[Te(N_3)_3]^+$、$[Te(N_3)_6]^{2+}$。

(6) ⅦA族的金属叠氮化物

卤族元素叠氮化物均为共价型化合物,其研究始于20世纪初期。Raschig、Spencer、Hantzsch及D. Christen等人先后成功合成了ClN_3、BrN_3、IN_3及FN_3,并对其基本性质进行了研究。但卤族叠氮化物为典型的共价叠氮化物,反应活性较高,具有更高的爆炸性。因此,在其制备和表征上都存在一定难度。

从上述无机叠氮化物的发展和研究状况来看,尽管人们对于叠氮化物的认识已经有了百余年的历史,也对其进行了多方面的研究,但是人们对叠氮化物的制备、性质及用途方面还缺乏深入、全面的了解。尤其是叠氮化物具有的不稳定和易爆的特点,也阻碍了人们对其进行深入的研究。近些年来,叠氮化物在微小能量下即可起爆的特点,又激起了科研工作者对其浓厚的研究兴趣。

第6章
硝基酚类起爆药

芳香环的硝基化合物是一类重要的高能化合物。作为火工药剂，这类化合物具有化学安定性好、感度较低、能量适中、原料来源广泛、制造方便、成本低廉等优点，是目前用量最大、用途最广的一类单质药剂。硝基酚化合物分子中含有硝基和羟基，硝基的增加会增强化合物爆炸性能，羟基的存在使化合物在点火的过程中提供了自带氧。

6.1 硝基酚的基本知识

酚是羟基（—OH）直接与苯环（或其他芳环）相连的化合物，根据芳环上羟基的多少，分为单酚和多酚。在酚上引入硝基后，就可形成硝基酚化合物。常见的有一酚、二酚、三酚及它们的硝基化合物。

常见的一酚及其硝基化合物的分子结构如下：

苯酚　　邻硝基苯酚　　间硝基苯酚　　对硝基苯酚　　2,6-二硝基苯酚　　2,4-二硝基苯酚

常见的二酚化合物见表6.1。

表6.1 常见的二酚化合物

二酚化合物	邻苯二酚	间苯二酚	对苯二酚
结构式			
熔点/℃	105	110	170
沸点/℃	245	231	286
溶解度/[g·(100 g)$^{-1}$]	45	123	8

常见的二酚硝基化合物的分子结构如下：

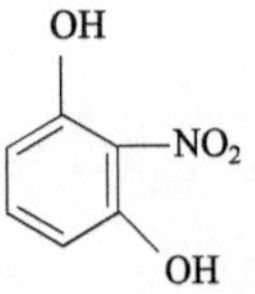

2-硝基间苯二酚 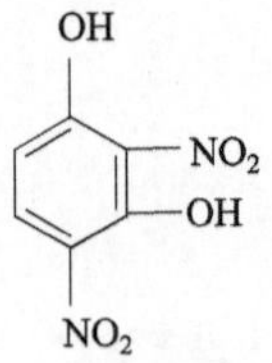　　2,4-二硝基间苯二酚 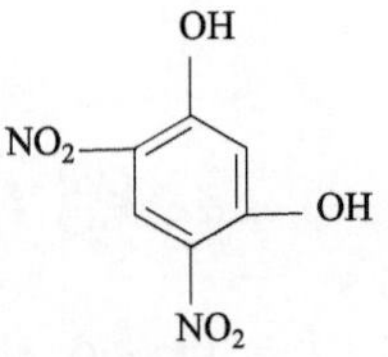　　4,6-二硝基间苯二酚 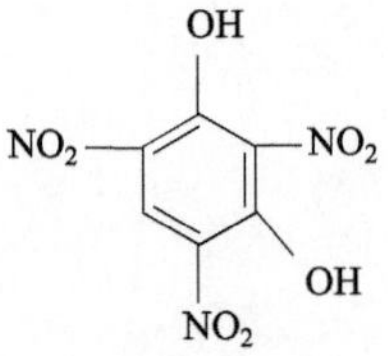　　2,4,6-三硝基间苯二酚

常见的三酚化合物见表 6.2。

表 6.2　常见的三酚化合物

三酚化合物	1,2,3-连苯三酚	1,2,4-苯三酚	均苯三酚
结构式	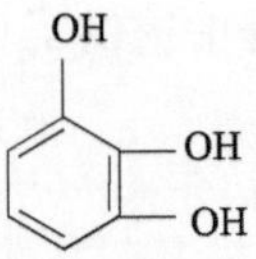 (结构图)	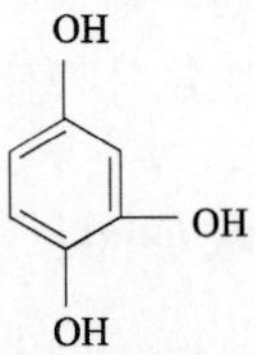 (结构图)	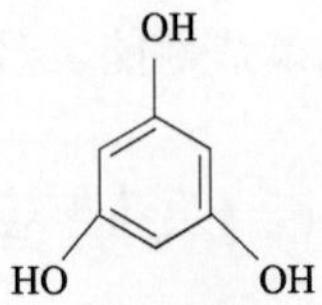 (结构图)
熔点/℃	133	140	218
沸点/℃	309	—	升华
溶解度/[g·(100 g)$^{-1}$]	62	易	1

常见的三酚硝基化合物为 2,4,6-三硝基-1,3,5-苯三酚，分子结构如下：

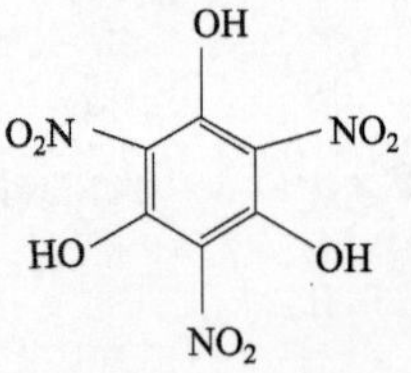

2,4,6-三硝基-1,3,5-苯三酚

6.1.1　三硝基苯酚

2,4,6-三硝基苯酚，俗称苦味酸（Picric acid，PA），黄色炸药，分子式为 $C_6H_3N_3O_7$，相对分子质量为 229.10，氧平衡为 -45.39%。分子结构如下：

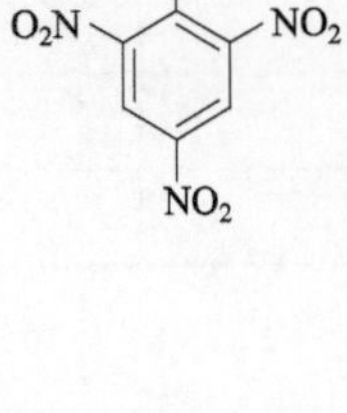

苦味酸（PA）是第一次世界大战期间的主要军用炸药之一，直接作为猛炸药装填炮弹，也可以与TNT混融后注装炸弹，常用作炮弹、防空炸弹、地雷等的装药。现PA多用于制备D炸药（苦味酸铵）或制造DDNP起爆药。将苦味酸的硝基还原成氨基，可直接用作黄色染料。

（1）理化性质

苦味酸是黄色结晶，难溶于四氯化碳，微溶于二硫化碳，溶于热水、乙醇及乙醚，易溶于丙酮、乙酸乙酯、吡啶、甲醇、苯、硝酸及硫酸。吸湿性为0.04%（30 ℃，相对湿度为90%），晶体密度为1.763 g·cm^{-3}，熔点约为122 ℃。

化学性质活泼，呈酸性，与金属接触可生成机械感度较高的苦味酸盐。红外吸收峰的具体数据为：3 450 cm^{-1}为O—H的伸缩振动吸收峰；3 106 cm^{-1}、732 cm^{-1}为芳环的C—H键伸缩振动吸收峰；1 532 cm^{-1}为芳香族硝基化合物NO$_2$的不对称伸缩振动吸收峰；1 344 cm^{-1}为芳香族硝基化合物NO$_2$的对称伸缩振动吸收峰。

（2）制备方法

① 磺酸化：

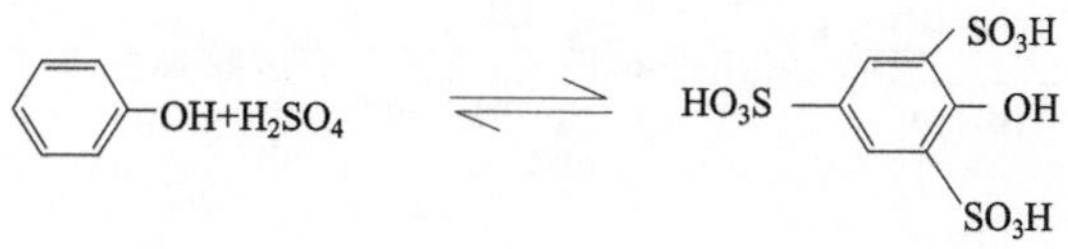

硝化：

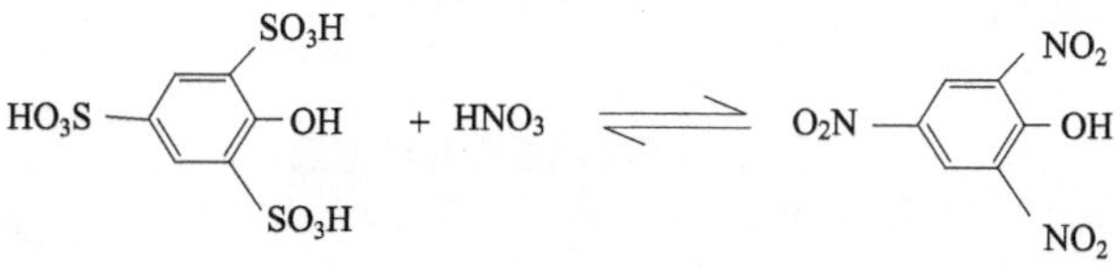

② 水解：

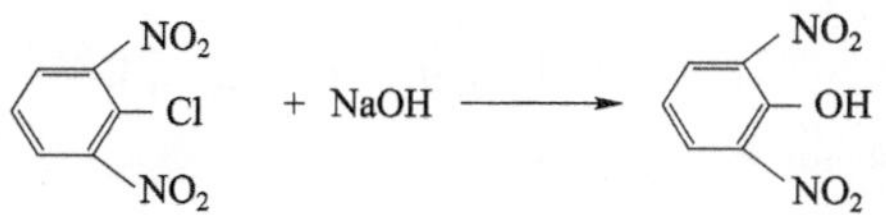

硝化：

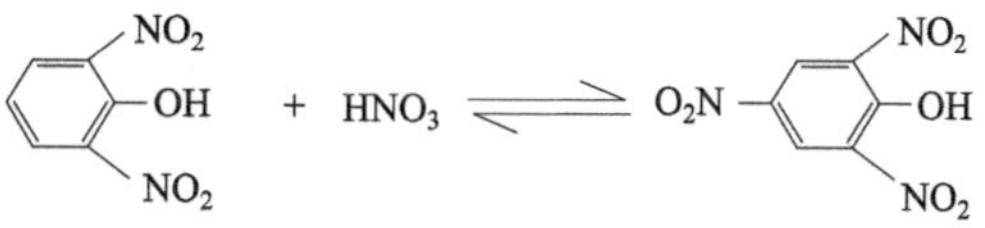

常用的苦味酸的制备主要有两道工序：磺酸化和硝化。苯酚易被氧化，一遇稀硝酸即生成苯醌类的红黑色产物，故而先使其与浓硫酸作用生成相对稳定的磺酸化合物，再用硝酸与磺酸化合物反应，用硝基取代磺酸基。

原料：苯酚（化学纯以上，若为工业品苯酚，应蒸馏精制）、稀硝酸、浓硫酸。

水浴加热盛有苯酚的容器，使其中苯酚熔化，以便于使用。用小烧杯粗略量取100 mL苯酚，迅速转入1 000 mL大烧杯中。量取280 mL浓硫酸，在搅拌下加入苯酚中，加完后继续搅拌1 min。随后将大烧杯放入热水浴中，加热至95 ℃以上，保温40 min，其后冷却至30 ℃以下。

将装有反应液的烧杯置于水浴中。用滴液漏斗向反应液中逐滴滴加200 mL硝酸，滴加时伴以快速搅拌。滴加的速度应先慢后快，防止产生的泡沫冒出烧杯。滴加初期应控制反应液温度不超过 80 ℃，水浴温度不高于 60 ℃，并随时向水浴中补加冷水。待反应液温度不再上升，反而自然下降时，可加快滴酸的速度和升高水浴温度，使反应液温度不低于 70 ℃。滴酸需要 40~60 min。滴完酸后水浴加热反应液，使温度升至 90 ℃ 以上。再次在搅拌下向反应液中滴加 90 mL 硝酸，约 20 min 滴完。在滴的过程中，若有大量黄色 PA 析出，并浮在酸面上阻碍搅拌，可用不锈钢勺舀出。滴完后保温（90 ℃ 以上）10 min，然后等待反应液冷至 50 ℃ 以下。

将反应液和先行舀出的 PA 合并，倒入 1 000 mL 水中稀释。待沉淀后舀出浮在上层的 PA，倒掉中间的废酸。将上层的 PA 与沉在杯底的 PA 合并，用凉水洗涤 2~3 次。过滤，挤干水分，把滤渣铺在纸上晾干，产物约 200 g。

另一种制法：将 2,4 - 二硝基氯苯（或 2,6 - 二硝基氯苯）用氢氧化钠水解生成对应的二硝基苯酚钠，经过酸化之后再用浓硝酸硝化，也可制得苦味酸。

上述两种制备途径的流程如图 6.1 所示。

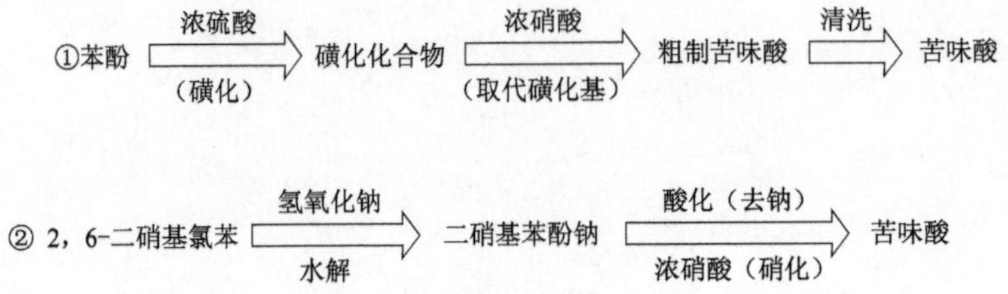

① 苯酚 →(浓硫酸/磺化)→ 磺化化合物 →(浓硝酸/取代磺化基)→ 粗制苦味酸 →清洗→ 苦味酸

② 2,6-二硝基氯苯 →(氢氧化钠/水解)→ 二硝基苯酚钠 →(酸化（去钠）/浓硝酸（硝化）)→ 苦味酸

图 6.1　两种制备苦味酸方法

6.1.2　三硝基间苯二酚

2,4,6 - 三硝基间苯二酚（Trinitroresorcinate，TNR），又称收敛酸，是由斯蒂芬发现的，故也称为斯蒂芬酸（Styphnic acid）。

(1) 理化性质

斯蒂芬酸的分子结构式为：

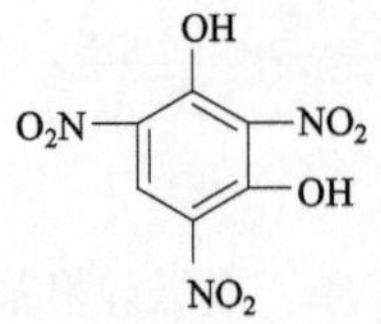

分子式：$C_6H(NO_2)_3(OH)_2$，相对分子质量：245.06。

斯蒂芬酸是一种十分强的酸，其性质接近于苦味酸。因为它是一种二元酸，所以能生成中性盐和酸性盐。从水 - 酒精中结晶出的斯蒂芬酸晶体呈淡黄色，属六方晶系，相对密度为 1.83，熔点为 175.5 ℃，工业品熔点为 173~174 ℃。

斯蒂芬酸在水中溶解度很小，在热水中溶解度稍有提高，在酒精、乙醚、乙酸乙酯中溶解性较好，见表 6.3 和表 6.4。

表 6.3　斯蒂芬酸在水中的溶解度

温度/℃	15	20	25
溶解度/[g·(100 g)$^{-1}$]	0.45	0.55~0.58	0.68~0.69

表 6.4　斯蒂芬酸在乙醇中的溶解度

温度/℃	0	17	68
溶解度/[g·(100 g)$^{-1}$]	5.10	6.22	14.65

在 18 ℃时，在 10 mL 丙酮中，斯蒂芬酸可以溶解 31.31 g。

斯蒂芬酸的吸湿性表现为：在 25 ℃，相对湿度 60%的环境条件下，30~100 h 时间内，吸湿量达到 2%~3%，吸湿性较强。

斯蒂芬酸的水溶液：显酸性，与铁、锌活泼金属可以反应，有氢气产生，与铜、银、锡、镉等不活泼金属不反应。

(2) 制备方法

1) 反应原理

磺酸化：

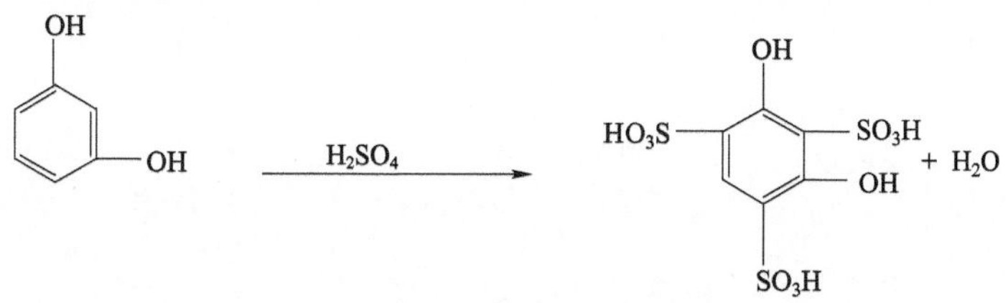

间苯二酚 + H_2SO_4 → 磺酸基间苯二酚 + H_2O

硝化：

磺酸基间苯二酚 + HNO_3/H_2SO_4 → 斯蒂芬酸

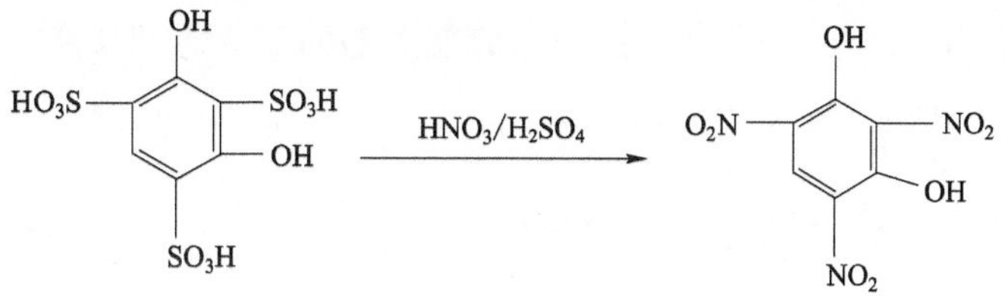

2) 磺酸化反应

在一定温度条件下，磺酸化最低浓度值 π 满足下列条件时反应停止：

$$\pi = SO_3H/(H_2SO_4 + H_2O) \times 100\% \leqslant 70\%$$

采用相对密度为 1.84、浓度 96%以上的浓硫酸，其实际用量约为理论用量的 5 倍；磺酸化反应为放热反应，虽然温度升高使反应速度加快，但温度过高会产生很多副反应，若反应温度超过 90 ℃，则易生成砜类杂质。因此，在反应过程中需要合理控制温度。反应产物磺酸基间苯二酚为固体物质，在反应中会氧化出现红色块状物或稠胶状物，最终过滤分离出产物。

磺酸化反应过程中要严格控制温度低于 35 ℃，可以有效地减少副反应的发生。若反应温度偏高，则易使酚羟基被氧化，得不到所需产物。

(3) 硝化反应

硝化反应是亲电取代反应,在反应中生成的 H_2O 对硝化反应进程有害,与磺酸化反应类似。当硝酸浓度低于70%时,硝化反应几乎停止。在硝化反应中,硝酸不仅是硝化剂,还是强氧化剂,尤其是稀硝酸,氧化能力大于硝化能力。

常用硝化方法有两种:方法一是直接用硝酸进行硝化,这一过程中可以使用不同浓度的硝酸,先稀后浓,也可以使用一种浓度的硝酸进行硝化;方法二是加脱水剂进行硝化,即用硝酸、硫酸的混酸进行硝化,其中硫酸不只有吸水作用,还能与硝酸作用生成硝化能力极强的硝酰阳离子 NO_2^+,提高硝化能力。

通常采用硝酸与硫酸的混酸进行硝化,这一方法不仅可以节约较贵的硝酸,并提高硝酸利用率,同时,混酸对普通铁质容器的腐蚀性比硝酸的小,可用一般钢铁设备进行反应,且硫酸热容量大,能够减少因硝化反应放热导致温度突然升高或局部过热事故。

6.1.3 三硝基均苯三酚

2,4,6-三硝基-1,3,5-苯三酚(Trinitrophloroglucinol,TNPG)是一种强酸性化合物。

(1) 理化性质

2,4,6-三硝基-1,3,5-苯三酚即三硝基均苯三酚,它的分子结构式为:

分子式:$C_6(NO_2)_3(OH)_3$,相对分子质量:261.11。

三硝基苯三酚的氮含量为16.09%,得到的晶体为黄色梭形、针状结晶。熔点为167 ℃(含水),分解温度为187 ℃,可生成脱去水的盐。它的三级电离常数:$K_1 \approx 1.52 \times 10^{-2}$,$K_2 \approx 2.44 \times 10^{-4}$,$K_3 \approx 6.3 \times 10^{-8}$。

(2) 制备方法

三硝基均苯三酚由均苯三酚磺化、硝化制备得到:

在最佳的工艺条件下,产率可达86%。

6.1.4 硝基酚盐

由苯形成的酚有三大类:一酚、二酚、三酚。一酚,即苯酚,没有异构体;二酚有3种异构体:邻(o-ortho)、间(m-meta)、对(p-para);三酚有3种异构体:连(vicinal)、间（meta）、均（equal）。它们在火工药剂研究领域共涉及7种单芳环酚。

由苯酚硝基化后得到的衍生物也可以分为三大类：一酚有一硝基3种、二硝基6种、三硝基4种，其中以2,4-二硝基苯酚、2,4,6-三硝基苯酚为重要的火工药剂原料；二酚以间苯二酚为主要研究对象，有一硝基3种、二硝基2种、三硝基2种，其中以2,4-二硝基间苯二酚、2,4,6-三硝基间苯二酚为重要的火工药剂原料；三酚以均苯三酚为主要研究对象，有一硝基1种、二硝基1种、三硝基1种，其中三硝基均苯三酚为重要的火工药剂原料。

硝基酚类化合物都是具有酸性的物质，随着羟基与硝基数目的增多，所表现的酸性越明显。它们的酸性强弱可表现为：三酚＞二酚＞苯酚、三硝基酚＞二硝基酚＞一硝基酚。

硝基酚均可以和多种金属形成具有燃烧爆炸性能的金属盐。它们的机械感度从高到低具有如下的排列顺序：Pb、Ag、K、Ba、Ca、Na、Zn、Fe、Al。酸性越强，越易形成稳定结构的金属盐。硝基越多，硝基酚及其金属盐的感度就越高，威力就越大。若硝基数相同，中性盐比碱式盐感度高；硝基数多的感度高。间苯二酚硝基化合物根据硝化程度的不同，可以分为一硝基间苯二酚（MNR）、二硝基间苯二酚（DNR）、三硝基间苯二酚（TNR）。根据反应pH条件的不同，可以分别与金属化合物形成中性（N-）或碱性（B-）的金属盐。由于硝基数量的不同，它们的铅盐所表现的感度特性也不尽相同。通常摩擦/撞击感度顺序为N-PbTNR＞B-PbTNR＞N-PbDNR＞B-PbDNR＞B-PbMNR；比较5 s延滞期爆发点，热感度存在以下顺序：N-PbDNR＞N-PbTNR＞B-PbTNR＞N-PbMNR；燃烧热：含铅量碱式盐≈N-PbMNR＞N-PbDNR＞N-PbTNR＞B-PbMNR＞B-PbDNR＞B-PbTNR。

硝基酚类铅盐通常具有较好的点火性能。我国1981年首次将苦味酸铅与叠氮化铅合成K·D复盐起爆药 $[C_6H_2(NO_2)_3OPbOH \cdot Pb(OH)N_3 \cdot 2Pb(N_3)_2]$，弥补了叠氮化铅火焰感度差的缺点。该药剂呈橘黄色棱柱状结晶，假密度通常为 $1.1 \sim 1.4 \text{ g} \cdot \text{cm}^{-3}$，流散性好，广泛应用于装填各类工业雷管。下面介绍K·D复盐起爆药的起爆性能。

(1) 热感度

K·D复盐的5 s延滞期爆发点为263 ℃，由爆发点试验数据计算得出K·D复盐的活化能 $E = 131.9 \text{ kJ} \cdot \text{mol}^{-1}$。

K·D复盐对火焰感度作用敏感，用火焰感度仪进行试验，不加标准套管，0.02 g试样，以40 MPa压力压于7.62 mm枪弹火帽壳内，用标准黑火药柱点燃，其50%发火距离 $h_{50} = 30.0$ cm。

(2) 机械感度

K·D复盐的撞击感度较低，用立式落锤仪试验，将试样0.02 g装于7.62 mm枪弹火帽壳内，以一定的压力压紧，不加盖片，锤质量为400 g，锥形击针，击针端面直径1.5 mm，在40 cm落高下，测得K·D复盐的发火率为45%。

K·D复盐的摩擦感度用摆式摩擦感度仪测定，在表压0.59 MPa，摆角80°下，发火率为22%。在工业生产中，当K·D复盐的结晶形状不规则时，K·D复盐中叠氮化铅含量较高，尤其是其中含有硬杂质时，摩擦感度将明显增高，这是值得注意的。

K·D复盐的针刺感度较低，在锤重52 g，落高25 cm下，发火率为0%，但改变K·D复盐的结晶形状，可调节K·D复盐的针刺感度。

(3) 静电火花感度

K·D复盐的静电火花感度较低，用JGY-50型静电火花感度仪进行试验，电极间隙

0.12 mm、无串联电阻、点火冲头 9.067 g 进行点平,其 50% 发火能量（E_{50}）为 10^{-2} J 数量级。

K·D 复盐的热丝感度较高,用升降法试验,测得 50% 发火电流 I_{50} = 0.34 A。

（4）极限起爆药量

K·D 复盐的起爆能力较大,经测定,在 8 号纸壳、铝加强帽条件下,对 1% 紫胶黑索金（松装药）的极限药量为 0.04 g；在 8 号纸壳、铁加强帽的条件下,对 1% 紫胶黑索金（松装药）的极限药量为 0.03 g。工业上 K·D 复盐起爆药的起爆能力随 K·D 复盐中的氮化铅的含量而变化,氮化铅含量降低,起爆能力随之降低。

（5）其他

K·D 复盐在密度为 3.10 g·cm^{-3} 时,爆速为 4 500 m·s^{-1}。

K·D 复盐的做功能力可用 K·D 复盐工业雷管来测定,其做功能力的大小随 K·D 复盐装药量及纸壳的厚度等不同而不同。经测定,K·D 复盐的 8 号工业纸壳火雷管的铅铸扩孔值范围为 23.5 ~ 33.9 mL。

6.2　三硝基间苯二酚铅

三硝基间苯二酚铅（Lead 2,4,6 - trinitroresorcinate）,俗名斯蒂芬酸铅（Lead styphnate）,简称 LTNR,是由 P. Griess 于 1874 年首次制取的。它是常用的火工药剂之一,具有良好的火焰感度和针刺感度,且无腐蚀性,热安定性和相容性好。长期以来,在火焰雷管中,三硝基间苯二酚铅装在叠氮化铅的上面,以弥补叠氮化铅火焰钝感的缺陷；在针刺雷管和火帽中,采用三硝基间苯二酚铅与四氮烯的混合药剂作为副装药,以弥补叠氮化铅针刺感度低的缺点；在电火工品中,三硝基间苯二酚铅可单独用作起爆药。但是其起爆能力较弱,不适用于雷管单独装药。

6.2.1　物理性质

斯蒂芬酸铅是斯蒂芬酸的铅盐,分别有酸式盐、中性盐和碱式盐 3 种结构,其结构式分别为：

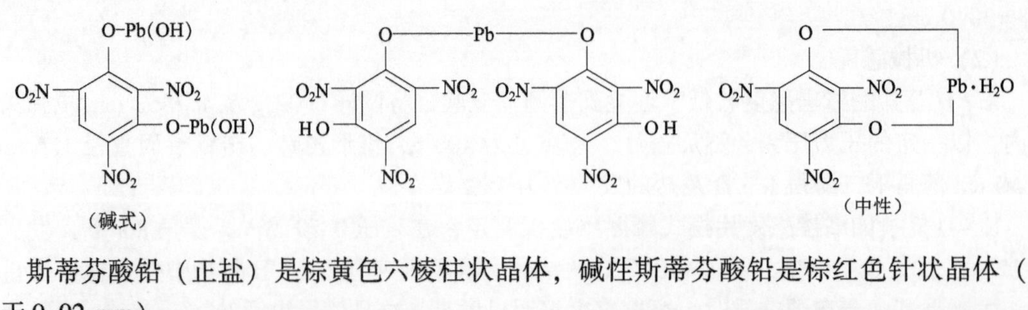

斯蒂芬酸铅（正盐）是棕黄色六棱柱状晶体,碱性斯蒂芬酸铅是棕红色针状晶体（长小于 0.02 mm）。

斯蒂芬酸铅在水中的溶解度很小,在 17 ℃时,100 mL 水中仅溶解 0.07 g。微溶于酒精、乙醚等有机溶剂,在醋酸铵溶液中溶解较好,故可以用这一性质分析含有斯蒂芬酸铅的击发药。斯蒂芬酸铅可以在 80 ℃的加热条件下溶于丙三醇（甘油）中,加水即有沉淀析出,经过滤后,在滤液中加入丙酮,斯蒂芬酸铅开始析出,可以用这种方法精制斯蒂芬酸铅。

斯蒂芬酸铅的吸湿性很小，将它放在饱和湿度的空气中，经过 40 d，其质量只增加 0.4% ~ 0.6%，在相同条件下，工业叠氮化铅的质量则增加 1.6% ~ 1.9%。

6.2.2　化学性质

斯蒂芬酸铅与无机酸或碱作用即可分解，如：

$C_6H(NO_2)_3O_2Pb + H_2SO_4 = C_6H(NO_2)_3(OH)_2 + PbSO_4 \downarrow$

$C_6H(NO_2)_3O_2Pb + 2HNO_3 = C_6H(NO_2)_3(OH)_2 + Pb(NO_3)_2 + H_2O$

$C_6H(NO_2)_3O_2Pb + 2NaOH = C_6H(NO_2)_3(ONa)_2 + Pb(OH)_2 \downarrow + H_2O$

因此，在生产中产生的废品，常用无机酸（大多是硝酸）进行销毁，并可回收斯蒂芬酸。若用 NaOH 销毁，则必须加热，否则易产生胶状物质。

斯蒂芬酸铅与金属不起作用，因此可以装在任何金属壳体中应用。

6.2.3　制备方法

将三硝基间苯二酚制成其可溶性钠盐或镁盐溶液，再与可溶性铅盐溶液进行反应制得。将三硝基间苯二酚制成可溶性钠盐或镁盐溶液，目的是使难溶于水的三硝基间苯二酚能够均匀地溶于水中，易于在水中进行均相反应。但是，必须注意的是，反应介质和反应条件严重影响生成产品的组成、结晶形态和性质。因此，采用不同的工艺条件，就可能生产出性能不同的产品，有酸式、中性和碱式之分。

（1）中性三硝基间苯二酚铅的制备

中性三硝基间苯二酚铅本身是一种好的火工药剂，通常被用作撞击雷管的主装药，但是它的静电感度较高，静电积累较严重，在纯态形式生产和使用过程中极不安全，即便是轻微的撞击、摩擦、静电，都有可能导致危险发生。

反应原理和制备工艺如下：

$C_6H(NO_2)_3(OH)_2 + 2NaHCO_3 = C_6H(NO_2)_3(ONa)_2 + 2CO_2 \uparrow + 2H_2O$

$C_6H(NO_2)_3(ONa)_2 + Pb(NO_3)_2 + H_2O = C_6H(NO_2)_3O_2Pb \cdot H_2O + 2CO_2 \uparrow + 2NaNO_3$

以三硝基间苯二酚钠溶液为底液，可溶性铅盐溶液为滴加液，严格控制溶液的 pH 在 4.5 ~ 4.8，搅拌速度为 450 $r \cdot min^{-1}$，反应温度应控制在 60 ~ 65 ℃。

也可以采用镁盐溶液制备斯蒂芬酸铅，用 MgO 与三硝基间苯二酚作用，生成三硝基间苯二酚镁，其反应如下：

$C_6H(NO_2)_3(OH)_2 + MgO = C_6H(NO_2)_3O_2Mg + 2H_2O$

三硝基间苯二酚镁是一种酸性盐，可用 NaOH 调节 pH = 4 ~ 5，再与 $Pb(NO_3)_2$ 作用生成橘黄色斯蒂芬酸铅结晶：

$H_2O + C_6H(NO_2)_3O_2Mg + Pb(NO_3)_2 = C_6H(NO_2)_3O_2Pb \cdot H_2O + Mg(NO_3)_2$

使用镁盐生产斯蒂芬酸铅晶体具有一定的优点。由于镁盐的溶解度比钠盐要高，其固体悬浮物比较少，可使反应完全。使用镁盐所得产品，一般纯度和得率（90% 左右）都比较高，只是因为镁盐溶液中很少含有 CO_3^{2-}（钠盐中，CO_3^{2-} 较难避免）。因此，产物中较少含有碳酸铅杂质。另外，用稀浓度的 NaOH 调节镁盐的 pH，在工艺上比较容易。

(2) 碱式三硝基间苯二酚铅的制备

碱式三硝基间苯二酚铅一般可用作起爆药或点火药和延期药的组分，它可在电点火头中作为起爆药的主要组分。

合成碱式三硝基间苯二酚铅时，控制不同的反应条件，可得到晶形不同的产品，有 Ⅰ 型、Ⅱ 型之分。

反应原理和制备工艺如下：

$$C_6H(NO_2)_3(OH)_2 + 2NaOH \rightarrow C_6H(NO_2)_3(ONa)_2 + 2H_2O$$

$$C_6H(NO_2)_3(ONa)_2 + Pb(NO_3)_2 + 2NaOH \rightarrow$$
$$4NaNO_3 + 2H_2O + C_6H(NO_2)_3(OPbOH)_2 \text{（Ⅰ型）}$$

$$C_6H(NO_2)_3(ONa)_2 + Pb(NO_3)_2 + 2NaOH \rightarrow$$
$$4NaNO_3 + 2H_2O + C_6H(NO_2)_3O_2Pb \cdot Pb(OH)_2 \text{（Ⅱ型）}$$

碱式三硝基间苯二酚铅与中性三硝基间苯二酚铅相比，热安定性好，机械感度和静电感度均有所降低。静电积累值明显低于中性三硝基间苯二酚铅，火焰感度也优于中性三硝基间苯二酚铅。因此，Ⅰ 型、Ⅱ 型碱式三硝基间苯二酚铅的制备对于丰富三硝基间苯二酚铅系列药剂，进一步改善无雷汞击发药，减少静电危害，是十分有利的。

尽管碱式三硝基间苯二酚铅具有这些优点，但是在实际生产应用中，仍存在许多缺陷。首先，其结晶性质复杂，至少有两种可变的结晶形式存在，使结晶条件难以控制。其次，产品通常呈现出流散性差、混合性差等晶体特性，很难达到技术要求。另外，由于碱式三硝基间苯二酚铅具有较高的静电感度和静电积累值，因此，在生产和使用上仍存在危险性。

6.2.4 爆炸性能

中性的斯蒂芬酸铅热分解时，最初阶段产生脱结晶水现象。加热到 235 ℃ 以上时，则开始爆炸分解，斯蒂芬酸铅对辐射具有良好的抵抗力。

斯蒂芬酸铅的爆炸反应方程式如下：

$$2C_6H(NO_2)_3O_2Pb = 9CO\uparrow + 3CO_2\uparrow + H_2O + 3N_2\uparrow + 2Pb$$

或

$$40C_6H(NO_2)_3O_2Pb \cdot H_2O = 147CO\uparrow + 86CO_2\uparrow + 41H_2O + 5N_2\uparrow +$$
$$7HCN + 40Pb(g) + 15.5H_2\uparrow + 38.6 \text{ kcal}$$

根据方程式导出的爆炸性能参数：比容为 470 L·kg^{-1}；爆温为 2 100 ℃。

由于斯蒂芬酸铅的金属含量较高（44.25%），所以它是一个较弱的起爆药。它的爆速与密度的关系见表 6.5。斯蒂芬酸铅的爆发点较叠氮化铅的低，它的爆发温度与延滞期的关系见表 6.6。

表 6.5 斯蒂芬酸铅的爆速与密度的关系

序号	密度 (ρ)/(g·cm^{-3})	爆速 (D)/(m·s^{-1})
1	0.93	2 100
2	2.6	4 900
3	2.9	5 200

表 6.6　斯蒂芬酸铅的爆发温度与延滞期的关系

$T/℃$	τ/s	$T/℃$	τ/s	$T/℃$	τ/s
350	0.0	315	5.0	275	62.0
345	1.0	305	8.3	265	143.0
335	2.2	295	18.0	260	不爆
325	3.5	285	32.0	—	—

但是，在低于上述温度下，长时间加热斯蒂芬酸铅，也可以引起发火，如 200 ℃ 以下加热，经过 25 h 即会发火。同时，斯蒂芬酸铅的爆发点与产品的纯度有关，可由 275 ℃ 增长到 305 ℃。

斯蒂芬酸铅的撞击感度较雷汞的低，也低于叠氮化铅，质量为 400 g 的落锤，其冲击感度的上下限见表 6.7。斯蒂芬酸铅的摩擦感度较雷汞和叠氮化铅的小，在 6.0 kg·cm^{-2} 油压、80°摆角下，其摩擦感度见表 6.8。斯蒂芬酸铅最大的优点是火焰感度高，若以 0.03 g 装药，用 400 kg·cm^{-2} 的压药压力，用黑火药药柱点燃，其全发火高度对比见表 6.9。

表 6.7　斯蒂芬酸铅及其他起爆药撞击感度

样品	上限/cm	下限/cm
雷汞	9.5	3.5
糊精氮化铅	24.0	10.5
结晶斯蒂芬酸铅	36.0	10.5
沥青钝化斯蒂芬酸铅	37.0	26.5

表 6.8　斯蒂芬酸铅及其他起爆药的摩擦感度

样品	发火概率/%
雷汞	100
糊精氮化铅	76
结晶斯蒂芬酸铅	70
沥青钝化斯蒂芬酸铅	40

表 6.9　斯蒂芬酸铅及其他起爆药的火焰感度　　　　　　　　　　　cm

样品	全发火高度
雷汞	20
糊精氮化铅	<8
结晶斯蒂芬酸铅	54
沥青钝化斯蒂芬酸铅	49

由上述数据可知,斯蒂芬酸铅的火焰感度比较高,因而常用作点火药,如装有叠氮化铅的火焰雷管中,一般用斯蒂芬酸铅作为最上层的点火药,弥补叠氮化铅感度的缺陷。斯蒂芬酸铅也可以代替雷汞和其他组分组成击发药。

斯蒂芬酸铅具有易于产生静电积累的特性,在晶体之间摩擦或晶体与器壁摩擦时,都极易带电,有时电压会高达几千伏,由此导致药剂发生爆炸而造成事故。在实际生产中,起爆药一般都要经过倒药和筛选工序,药剂本身或药剂与设备间因摩擦而产生静电聚集,影响安全生产。试验表明,斯蒂芬酸铅因摩擦所产生的静电比其他几种火工药剂高得多。这对斯蒂芬酸铅的广泛应用是不利的,因此,必须用消除静电聚集的措施来处理斯蒂芬酸铅。

同时,斯蒂芬酸铅的静电感度在几种常用火工药剂中也是最高的。几种常用火工药剂的静电感度数据见表6.10。

表 6.10 斯蒂芬酸铅及其他起爆药的静电感度   J

样品	静电感度
斯蒂芬酸铅	0.000 9
叠氮化铅	0.007 0
DDNP	0.012
四氮烯	0.010
雷汞	0.025

在生产干燥的斯蒂芬酸铅时,必须注意隔离防护,并保持工房具有较大湿度,在倒药筛分等工序应有良好的接地装置及一些必要的防静电聚集措施。

沥青钝化的斯蒂芬酸铅在相对湿度 RH=40%~50% 时,60 g 药与58#绢筛摩擦 1 min 产生的静电要比结晶斯蒂芬酸低很多,测试结果见表6.11。

表 6.11 沥青钝化的斯蒂芬酸铅与其他起爆药的静电积累   V

样品	静电积累
雷汞	88
糊精氮化铅	56
结晶斯蒂芬酸铅	217
沥青钝化斯蒂芬酸铅	63

从上述对比数据可看出,沥青钝化的斯蒂芬酸铅的火焰感度较结晶斯蒂芬酸铅略有降低,摩擦、撞击感度均有所降低,特别是静电感度降低明显。

6.2.5 改性斯蒂芬酸铅

三硝基间苯二酚铅以其优良的火焰感度和针刺感度在各种火工品中广泛应用,由于它的静电感度和静电积累值高,在生产和使用中具有严重的危险性,因此,对三硝基间苯二酚铅进行钝化,以降低其静电感度,制造改性产品是十分必要的。例如,沥青钝化三硝基间苯二酚铅、羧甲基纤维素三硝基间苯二酚铅、石墨钝化三硝基间苯二酚铅、三硝基间苯二酚铅与三硝基间苯二酚钡共沉淀药剂,叠氮化铅与三硝基间苯二酚铅共沉淀药剂等。

早在20世纪40年代,国内外就提出了改善三硝基间苯二酚铅静电感度的问题,并进行了一系列的研究工作,主要有以下几种途径。

(1) 沥青钝化的三硝基间苯二酚铅

沥青钝化三硝基间苯二酚铅是将沥青包覆在三硝基间苯二酚铅颗粒表面,制得的造粒三硝基间苯二酚铅,其外观为棕色或深褐色均匀颗粒。其优点是,降低了三硝基间苯二酚铅在生产和使用过程中的静电积累,改善了其流散性,便于定容装药。

具体的操作工艺:一定温度下,向水洗的结晶三硝基间苯二酚铅中加入定量的沥青 – 苯 – 正丁醇钝化液,然后在CQ11筛网上混匀,强迫过筛造粒,烘干,将溶剂挥发。再过筛网,取两筛网的中间物,即为合格的沥青钝化三硝基间苯二酚铅产品。

该工艺的缺点是:沥青钝化操作麻烦,工艺复杂;大量有机溶剂的挥发,严重地恶化了生产和使用环境;在温度升高时,产品发黏,给装药带来极大不便。

(2) 含羧甲基纤维素或甲基纤维素的三硝基间苯二酚铅

在制备火工药剂时,羧甲基纤维素或甲基纤维素可以作为很好的晶形控制剂,其在制备三硝基间苯二酚铅结晶过程中就起到了很好的晶形控制作用。其优点是,使三硝基间苯二酚铅产品的颗粒度、流散性和静电感度得到改善,可被用作延期药。但在不同的反应条件下,制备的产品性能差别很大,当反应温度为65 ℃时,制备的产品可以用作延期药剂;当反应温度为85 ℃时,制备的产品可以用作点火药剂。其反应原理是:

$$ROCH_2COOH + NaOH = ROCH_2COONa + H_2O$$
$$2ROCH_2COONa + Pb(NO_3)_2 = (ROCH_2COO)_2Pb \downarrow + 2Na(NO_3)_2$$

$(ROCH_2COO)_2Pb$不溶于水,在三硝基间苯二酚铅成长过程中,可以形成晶核,使三硝基间苯二酚铅围绕其成长,生成羧甲基纤维素钝化三硝基间苯二酚铅。这样可以大大改善产品的理化性能和爆炸性能,获得流散性较好的圆粒状晶体。

(3) 石墨三硝基间苯二酚铅

石墨三硝基间苯二酚铅是采用水悬浮造粒包覆工艺制成的造粒三硝基间苯二酚铅。该工艺主要是为降低三硝基间苯二酚铅在生产和使用过程中的静电积累,改善其流散性,以便于装药而研制的。因石墨具有导电性,可以更好地降低其静电感度和静电积累,因此,石墨钝化的三硝基间苯二酚铅也叫导电斯蒂芬酸铅。

其优点是产品颗粒大小均匀,流散性好,同时也大大降低了静电感度和静电积累。同时,这种钝化造粒方法比沥青钝化造粒方法先进,克服了沥青钝化产品夏季发黏、劳动环境差等缺陷。产品可以替代沥青钝化三硝基间苯二酚铅产品,用于军用火焰雷管。

制备工艺是:在水洗合格的三硝基间苯二酚铅晶体的表面上,黏合成粒。在黏合剂析出的适当时机,加入一定量的石墨,利用黏合剂在一定条件下黏性较大的特性,使石墨较均匀地黏合在药粒的外表,生成石墨造粒三硝基间苯二酚铅。在稍高的温度和搅拌条件下,逐渐形成石墨包覆的药粒,并随溶剂的挥发而不断密结。

(4) 硼粉包覆的三硝基间苯二酚铅

因硼粉也具有导电性,掺杂硼粉的三硝基间苯二酚铅性能也大为改善。将平均粒径为 4 μm 的硼粉掺杂到三硝基间苯二酚铅中,同样可以降低其静电感度,同时还使其威力和冲击感度有所改善。

(5) 三硝基间苯二酚铅·叠氮化铅共晶

三硝基间苯二酚铅·叠氮化铅共晶(D·S共晶),同时具有三硝基间苯二酚铅的优良的火焰感度和叠氮化铅的较高的起爆能力,静电感度和静电积累明显降低,其火焰感度与三硝基间苯二酚铅基本相同。

三硝基间苯二酚铅·叠氮化铅共晶的工艺条件是采用双管加料,其中一方为醋酸铅溶液,另一方为三硝基间苯二酚钾和叠氮化钠的混合溶液;以羧甲基纤维素或聚葡萄糖作晶形控制剂,在反应温度为 40 ℃ 的条件下充分反应制得。

1972 年,联邦德国专利介绍了首先制得的三硝基间苯二酚铅·叠氮化铅共晶,然后包覆以 MoS_2 作润滑剂,制得的产品晶形较好,对摩擦不敏感、对火焰敏感、对静电钝感,可经受 30 kV 静电放电电压。1983 年,欧洲专利 EP70932 介绍了适用于火焰雷管的三硝基间苯二酚铅·叠氮化铅共晶的制备方法。同年,加拿大人 Lechoslaw A. M. 曾报道过用橡胶作黏合剂来制备三硝基间苯二酚铅·叠氮化铅共晶。所得产品安全性和可靠性都有所改善。印度专利 Indian IN151827 曾介绍三硝基间苯二酚铅·叠氮化铅共晶是一种好的起爆药,且其制备的安全性大有改善。美国 Goodly P. R. 等人介绍用三硝基间苯二酚铅和糊精叠氮化铅作起爆药的雷管,在较高温度范围(-40~200 ℃)内,热稳定性好,可靠性高,其针刺感度较好,撞击感度和火焰感度也得到改善。

总之,三硝基间苯二酚铅·叠氮化铅共晶药,物理化学性能良好,耐压性高,静电感度低,同时具备优良的火焰感度和较高的威力,并且大大简化了雷管装药工艺,为小型火工品的装药提供了良好的药剂。同时,安全性和可靠性也有很大提高。

(6) 掺杂其他硝基取代间苯二酚铅的斯蒂芬酸铅

由于间苯二酚铅、一硝基间苯二酚铅、二硝基间苯二酚铅的机械感度和起爆能力均比三硝基间苯二酚铅的低,但是火焰感度相同,因此,可以考虑在三硝基间苯二酚铅中掺杂一硝基间苯二酚铅或二硝基间苯二酚铅来降低其静电感度和静电积累值,改善其性能。

英国专利 1381257 曾介绍过制备的掺杂一硝基间苯二酚铅的碱式三硝基间苯二酚铅,可以用作起爆药或延期药和点火药的组分。制备的改性产品与纯三硝基间苯二酚铅相比较,其流散性、热稳定性和一些感度性质都有所改善,尤其是摩擦感度、撞击感度和静电感度明显降低。英国 Kenneth J. H. 等人,在降低三硝基间苯二酚铅的感度,尤其是静电感度,而不明显改变其火焰感度,保证其点火能力和热稳定性前提下,提出了掺杂二硝基间苯二酚铅的三硝基间苯二酚铅改性产品。产品性能也大为改善,可用作烟火引火药或延期药。

制备工艺是:用三硝基间苯二酚的镁盐或铵盐溶液(其中掺杂相当于三硝基间苯二酚质量比 0.1% ~ 5% 的一硝基间苯二酚),与可溶性铅盐溶液在 50~90 ℃ 条件下反应。根据一硝基间苯二酚掺杂量的不同,可以制备出假密度在 $0.8 \sim 2.0 \ g \cdot cm^{-3}$ 之间的系列产品。

（7）其他三硝基间苯二酚铅改性产品

三硝基间苯二酚铅钾共沉淀起爆药、三硝基间苯二酚铅钡共沉淀起爆药及三硝基间苯二酚与硝基氨基四唑的铅复盐起爆药和三硝基间苯二酚与 5,5′ - 重氮氨基四唑铅复盐起爆药也都有很多报道。

自 1874 年第一次制备至今，三硝基间苯二酚铅及其改性产品已得到了广泛应用。由于它具有良好的火焰感度，有利于发展高能钝感火工药剂，因此，可以通过一定手段制得三硝基间苯二酚铅的改性产品，降低其静电感度和相应的机械感度，而保持其原有的火焰感度与输出能量，使改性后的三硝基间苯二酚铅成为一种高能钝感的点火药。

6.3 二硝基重氮酚

二硝基重氮酚，学名 4,6 - 二硝基重氮酚（4,6 - diazodinitrophenol，简称 DDNP）。分子式为 $C_6H_2(NO_2)_2N_2O$，相对分子质量为 210，其分子结构式如下：

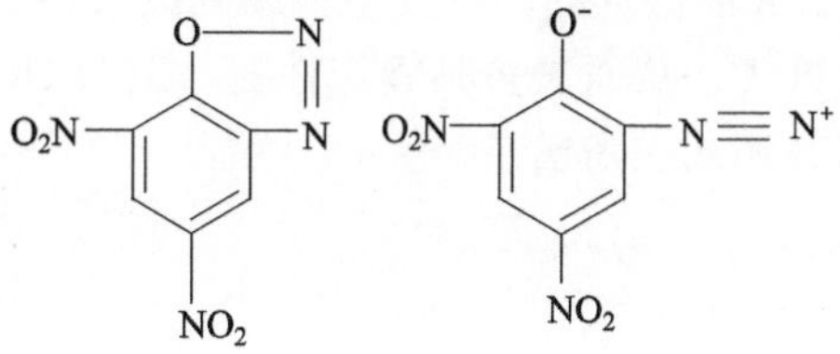

6.3.1 物理性质

纯的二硝基重氮酚是亮黄色针状结晶，但由于制造方法、工艺条件的不同，其结晶颜色有土黄色、棕黄、棕绿、黄绿、紫红等多种，其结晶状态有针状、片状、梅花状及土豆状等，有时也可聚成球状。

二硝基重氮酚的密度为 $1.76\ \text{g}\cdot\text{cm}^{-3}$。由于结晶形状的不同，假密度可为 $0.23\sim0.75\ \text{g}\cdot\text{cm}^{-3}$。生产上使用的假密度为 $0.55\sim0.69\ \text{g}\cdot\text{cm}^{-3}$。

二硝基重氮酚有较大的吸湿性，用钠盐法生产的产品，由于聚晶形式和副产品的影响，吸湿性是很小的，但仍较其他起爆药吸湿性大。实际使用中，DDNP 吸湿受潮后，使雷管产品作用可靠性大大降低，影响产品质量。

二硝基重氮酚微溶于水，但可以不同程度地溶于有机溶剂中。在 30 ℃时，二硝基重氮酚可以在硝基苯或热丙酮溶液中加入冷乙醚而重结晶，但是，在热丙酮溶液中，迅速加入大量冰水也可以得到纯度良好的亮黄色产品。若使用二硝基重氮酚在苯胺中重结晶，也能得到纯度良好的产品。

6.3.2 化学性质

（1）与金属反应

干燥的 DDNP 不与绝大部分常见的金属物作用，譬如将干燥的 DDNP 分别放在铁、铜、铝、锌、镁、锡等金属片上，数月后，药与金属片几乎不发生化学作用。在水分存在的情况下，DDNP 与铜、铝、锌、锡会发生一定的作用。

(2) 热安定性

DDNP 的热安定性较差。在 75 ℃时开始分解，即开始产生失重的现象，在 100 ℃时分解显著，48 h 后的质量损失为 1.57%。随着加热时间或加热温度的增加，DDNP 的质量损失逐渐增大。

(3) 光解反应

阳光可使 DDNP 的颜色、纯度和起爆能力发生变化。特别是在日光直射下，颜色显著发黑，纯度下降很快。被日光直射 10 min，纯度由 100% 下降到 67.3%。由于纯度的下降，起爆能力也显著下降，接受日光照射 360 h，起爆能力减少 1/5。所以，不论是在干燥还是在使用过程中，都应避免日光直射，尽量减少露光时间，以保证产品的纯度与起爆能力不下降。

(4) 与酸碱作用

DDNP 是在酸性介质中制得的产品，其本身呈弱碱性。DDNP 在冷的无机酸中是比较稳定的，但在热的浓硫酸中会发生分解。

DDNP 在碱性介质中是非常不稳定的。可发生一系列的分解、偶联及聚合等作用。其分解作用使重氮基破坏，放出氮气，从而失去其爆炸性能。碱与 DDNP 的分解反应主要是羟基与重氮基的作用，生成二硝基邻苯二酚钠。

6.3.3 制备方法

二硝基重氮酚是用氨基苦味酸（氨苦酸）作原料，经过重氮化反应而制得。实际生产中是将苦味酸与碳酸钠中和成苦味酸钠，再使其还原成苦氨酸钠后进行重氮化反应。

DDNP 的制备可用下面 3 个主要反应表示：

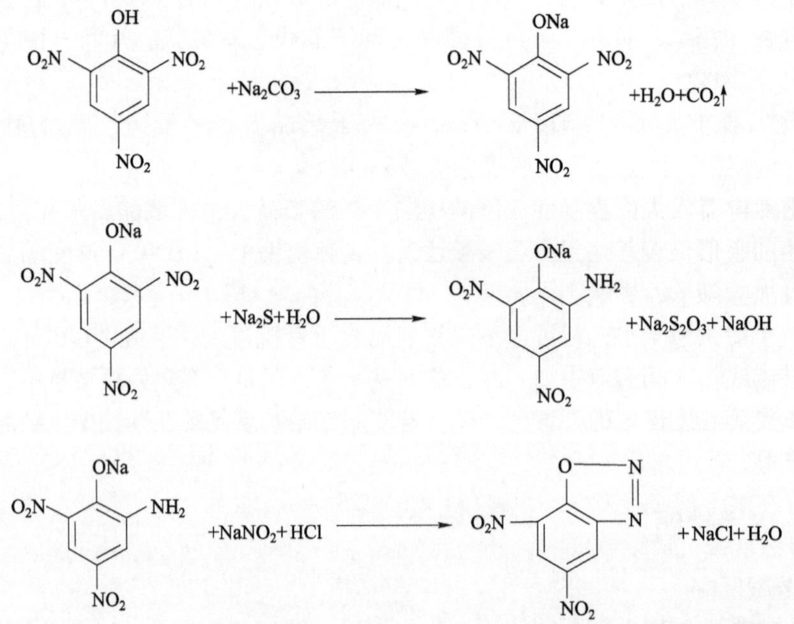

$$\text{苦味酸} + Na_2CO_3 \longrightarrow \text{苦味酸钠} + H_2O + CO_2\uparrow$$

$$\text{苦味酸钠} + Na_2S + H_2O \longrightarrow \text{苦氨酸钠} + Na_2S_2O_3 + NaOH$$

$$\text{苦氨酸钠} + NaNO_2 + HCl \longrightarrow \text{DDNP} + NaCl + H_2O$$

在全部反应过程中，特别是重氮化反应过程中，影响产品结晶形状、颗粒大小的因素很多。为了制得结晶规则、颗粒均匀、产品的纯度和假密度适当、流散性能良好且有较高起爆能力的产品，国内研究应用了盐酸单一加料法重氮化工艺，即在重氮化反应中，采用加入表面活性剂联苯三酚的方法，控制 DDNP 的晶型。

(1) 中和

1) 中和反应

使苦味酸与碳酸钠溶液在反应槽中进行中和反应，生成可溶性的苦味酸钠。中和反应中，在碳酸钠的作用下，苦味酸分子中的羟基氢被钠取代，变成了苦味酸钠。苦味酸钠在水中具有较好的溶解度。

2) 操作步骤

由于苦味酸为固体结晶，此道工序又称为"溶解工序"。其步骤如下：先将 80 ℃ 左右的热水放入反应瓶中，开动搅拌器，把称量好的碳酸钠加入并使其完全溶解。再缓慢加入苦味酸，此处应注意防止反应过快和产生大量泡沫（二氧化碳气体）溢出反应槽。加完苦味酸后，苦味酸：碳酸钠：水 = 1：(0.30 ~ 0.32)：(12.5 ~ 14.5)，待泡沫消失，反应液呈清澈的橙红色液体，以 pH 试纸检测其 pH，应为 8 ~ 9。停止搅拌，静置沉淀 5 min 以上，出料。

(2) 还原

1) 还原反应

苦味酸钠的还原属于硝基苯还原一类，采用的还原剂为硫化钠。

2) 操作步骤

将沉淀好的苦味酸钠溶液利用虹吸法并经绢筛过滤放入还原槽中，开动还原搅拌，并打开冷却水阀门，使之冷却到 52 ℃ 左右。逐渐加入硫化钠溶液，苦味酸：12% ~ 13% 硫化钠溶液 = 1：(3.2 ~ 3.6)，进行还原反应，严格控制反应温度，加料完毕，出料，对生成的氨基苦味酸钠进行水洗、抽滤。

(3) 重氮化

1) 重氮化反应

在 0 ~ 5 ℃、HCl 条件下，苦氨酸钠发生重氮化反应，生成 DDNP。

2) 操作步骤

向重氮化反应器内加入定量的水，开动搅拌，加入含水约 25% 的氨基苦味酸钠，使氨基苦味酸钠和水形成悬浊状液，再将盐酸和亚硝酸钠溶液同时注入。亚硝酸钠应提前加入，然后再加盐酸，反应完毕，继续搅拌 5 min，然后放冷水将母液冲洗出料、漂洗、抽滤。

3) 洗涤与湿存

为了除去重氮化反应中带来的副产物、不合格的细小结晶及过量的酸，要对重氮化所得的产品进行洗涤。经过水洗的 DDNP 有的在水中保存，有的稍加抽滤（含水量仍在 40% 左右）后保存。在烘干前必须进行抽滤与脱水。值得注意的是，DDNP 用酒精脱水后，曾经发生过自爆或自然现象。所以，经酒精脱水的产品，应及时摊盘、烘干，不许隔夜存放，以免发生爆炸事故。

钠盐交叉法生产 DDNP 的工艺流程如图 6.2 所示。

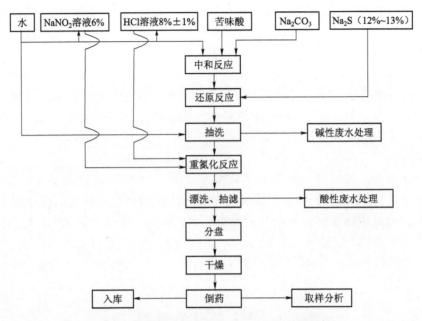

图 6.2 钠盐交叉法生产 DDNP 的工艺流程

6.3.4 爆炸性能

(1) 爆炸威力和起爆性能

DDNP 具有近似猛药剂的威力,同时具有起爆药的性能。

DDNP 在爆炸时的分解:

$$C_6H_2(NO_2)_2N_2O = 4CO\uparrow + 2C + H_2O + 2N_2\uparrow + Q$$
$$C_6H_2(NO_2)_2N_2O = 2CO_2\uparrow + 4C + H_2O + 2N_2\uparrow + Q$$
$$C_6H_2(NO_2)_2N_2O = 2CO_2\uparrow + CO\uparrow + 3C + H_2\uparrow + 2N_2\uparrow + Q$$

其爆热 $Q_v = 1\,400\ \text{kJ}\cdot\text{kg}^{-1}$;爆容为 $600\sim700\ \text{L}\cdot\text{kg}^{-1}$;爆温 $t = 4\,950\ ℃$;爆速 $v_D = 6\,600\ \text{m}\cdot\text{s}^{-1}$(当密度为 $1.6\ \text{g}\cdot\text{cm}^{-3}$ 时,爆速为 $6\,900\ \text{m}\cdot\text{s}^{-1}$)。

工业品 DDNP 的爆发点为 $170\sim173\ ℃$(5 s 延滞期)。经丙酮重结晶的 DDNP 的爆发点为 $173.5\ ℃$。

(2) 撞击感度

DDNP 的撞击感度较雷汞、糊精氮化铅的都低,在相同条件下,撞击感度见表 6.12。

表 6.12 几种起爆药撞击感度的比较

样品	试样0.02 g, 39 MPa, 400 g 落锤		试样0.02 g, 78 MPa, 400 g 落锤	
	上限/cm	下限/cm	上限/cm	下限/cm
二硝基重氮酚	—	17.5	28	12
糊精氮化铅	24	10.5	16.5	4
结晶三硝基间苯二酚铅	36	11.5	32.5	5
雷汞	9.5	3.5	7	3.5

DDNP 的不同结晶形状、不同的含水量对撞击感度也有很大影响。一般情况下，含水量增加，撞击感度直线下降。在相同含水量情况下，针状结晶（假密度 0.557 g·cm^{-3}）比颗粒状结晶（假密度 0.316 g·cm^{-3}）敏感。

（3）摩擦感度

DDNP 的摩擦感度比雷汞和糊精氮化铅的低。不同结晶形状、不同含水量的 DDNP 的摩擦感度有较大差别。几种起爆药摩擦感度情况见表 6.13。

表 6.13　几种起爆药摩擦感度的比较

样品	压力 538 kPa，30°摆角时的发火率/%
二硝基重氮酚	25
糊精氮化铅	100
结晶三硝基间苯二酚铅	75
雷汞	100

（4）火焰感度与极限起爆药量

DDNP 的火焰感度和雷汞的相近，威力较雷汞和糊精氮化铅的都大，起爆能力仅小于氮化铅而高出雷汞 1 倍，这是因为 DDNP 的爆轰增长期比雷汞的短，稳定爆轰时的爆速高。几种起爆药火焰感度、铅铸扩孔值和起爆能力分别见表 6.14～表 6.16。

表 6.14　几种起爆药火焰感度的比较　　cm

样品	试验条件	
	压药压力 39 MPa	压药压力 9.8 MPa
二硝基重氮酚	17	17
雷汞	20	19
结晶三硝基间苯二酚铅	54	53
糊精氮化铅	<8	—

表 6.15　几种起爆药铅铸扩孔值的比较　　mL

样品	铅铸扩孔值
二硝基重氮酚	25
雷汞	8.1
氮化铅	7.2

表 6.16　几种起爆药起爆能力的比较　　g

样品	极限起爆药量			
	TNT	特屈儿	苦味酸	RDX
二硝基重氮酚	0.163	0.075	0.115	0.10
雷汞	0.24	0.165	0.225	—
氮化铅	0.16	0.03	0.12	0.05

(5) 耐压性

当压药压力增大时，极限药量有增加的趋势，甚至过压的产品会产生拒爆现象。一般地，DDNP 的假密度大，耐压性降低。要得到相同的起爆能力，在压药压力增大的情况下，极限药量会有所增加。

6.3.5 废水处理

(1) 废水处理工艺

DDNP 生产废水主要来自还原、重氮化、洗涤工序及冲洗地面、设备和清洗工具的排水。DDNP 废水具有三大特点：废水量大，染色度深，成分复杂。因此，其废水处理较为困难。

DDNP 的母液含有很多悬浮的小结晶，母液冷却后还会有结晶析出，所以，如果不将其进行销毁，结晶会在下水道中或排水沟中沉淀下来，具有危险隐患。销爆 DDNP 母液的方法是，用硫化钠使之分解，破坏其重氮基，使其失去爆炸性。值得注意的是，DDNP 与硫化钠的反应非常剧烈，分解反应过程中将有硫化氢和氮气排出，并放出热量。因此，不能将固体硫化钠加入废水中，以免局部过热造成爆炸事故。经销毁后的母液仍具有较高的碱性，其成分中含有硝基苯类和酚类等物质，不能直接排放，必须对这种废水做进一步处理，使之达到排放标准后才可排放。

(2) 废水处理方法

1) 吸附法

吸附法处理废水是利用活性炭、磺化煤等多孔性物质的表面来吸附水中的溶解杂质。废水中溶质分子在吸附剂的作用下，从溶液中转移到吸附剂的表面，从而减少了废水中有害物质的含量和降低了废水的色度。一般来说，吸附剂的比表面积越大，能吸附的溶质的量越大。

2) 电解还原法

先将废水放在电解槽的阴极区，使硝基化合物还原成氨基化合物，然后经阳极区进行氧化，使其分解成简单而稳定的无机盐。这种方法虽然可行，但耗电量大，不适于大规模生产。

3) 生化法

生化法处理废水是利用厌氧微生物的生物氧化作用，将废水中的有机物质和有毒物质分解成无毒的简单物质。微生物又利用这些简单物质作为养料，使自己生存和繁殖。因此，它能起到将废水有毒物质去除的作用。

4) 聚合沉淀法

使用净水剂（聚合硫酸铁）将废水聚合沉淀，然后用过氧化氢和硫酸亚铁氧化还原来处理 DDNP 生产污水。净水剂为聚合金属盐类，其作用原理是与水作用生成氢氧化物，与水中的杂质（主要是悬浮物）一起沉淀下来。在 DDNP 生产污水中加入一定量的净水剂，可使污水中的悬浮不溶物和过饱和物等沉淀下来，使废水由浑浊变得澄清。

5) 分离、降解与吸附法

先将 DDNP 废水经气浮固液分离，再经氧化降解，最后经活性炭吸附溶解于废水中的硝基化合物及硫化物脱色，即可达到国家规定的排放标准。吸附饱和后的活性炭用碱液进行再生，供重复使用。

6.4　二硝基苯并氧化呋咱钾

6.4.1　物理性质

二硝基苯并氧化呋咱钾（KDNBF），学名为 7 - 羟基 - 4,6 - 二硝基 - 5,7 - 二氢化苯并氧化呋咱钾（Potassium 7 - hydroxy - 4,6 - dinitro - 5,7 - dihydrobenzofuroxanide）。分子结构如下：

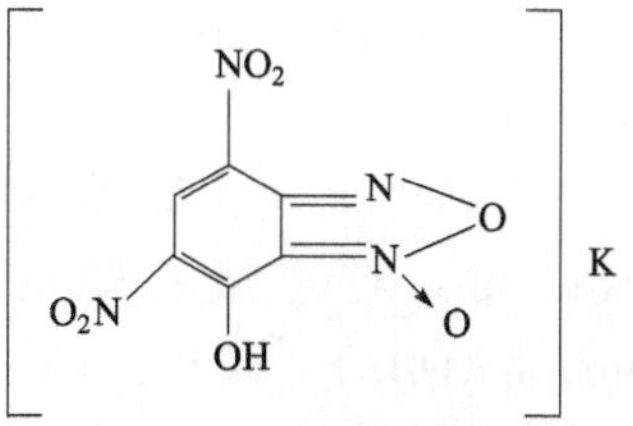

1899 年由 Drost 首次制得 KDNBF，其结构式直到 1965 年才确定，它作为一种新起爆药，易点火，有良好的产气性和引火性能，主要用于炸药激发装置和电爆管开关。直接法所得产品的晶形为厚实方块状，假密度为 $0.6\ g\cdot cm^{-3}$ 左右。间接法所得产品的晶形为团簇状，有的为近球状，假密度为 $0.7\ g\cdot cm^{-3}$ 左右，有的批次可达 $0.8\ g\cdot cm^{-3}$。

6.4.2　制备方法

（1）直接法

直接法是利用 4,6 - 二硝基苯并氧化呋咱（4,6 - dinitrobenzofuroxan，DNBF）直接与可溶性钾盐，如 K_2CO_3、$KHCO_3$ 等反应生成 KDNBF。将 DNBF 悬浮或溶解在溶有 20% ~50% 甲醇或丙酮的水中，在 40 ℃或更低温度下与 $KHCO_3$ 反应，粗产品在水中重结晶，以得到合格的产品。直接法制备 KDNBF 的反应方程式如下：

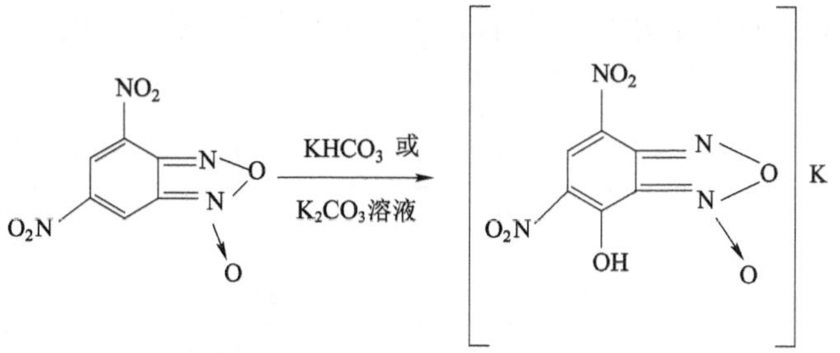

（2）间接法

间接法是用 DNBF 制备出其可溶性钠盐或镁盐，再与 K_2SO_4 或 KNO_3 通过复分解反应制备出 KDNBF。其具体操作方法是：将 DNBF 分散于水中形成悬浮液，在一定温度下分次加入 MgO，反应完毕，过滤得到纯净的 MgDNBF 溶液，再在一定反应温度和搅拌条件下向镁盐中滴加 KNO_3 溶液，得到红色矩形晶体。间接法的反应方程式如下：

无论是直接法还是间接法，所制备的 KDNBF 产品都存在着假密度较小、流散性较差的问题，不能满足大规模生产的使用要求。提高产品的假密度与流散性，采用在制备的过程中加入晶形控制剂的方法来改善产品的结晶形态。

晶形控制剂的浓度一般在 0.5%~1% 之间，种类一般可以选择聚乙烯醇（Polyvinyl Alcohol，PVA）、聚山梨酯（Tween40）与环氧乙烷的缩合物、十二烷基苯磺酸钠（Sodium Dodecylbenzene Sulphonate，NADBS）、MOA5（脂肪醇与环氧乙烷的缩合物）、失水山梨醇脂肪聚酯（Span）、羧甲基纤维素钠（Sodium Carboxymethyl Cellulose，NaCMC）及糊精（Dextrin）等。

在单一晶形控制剂的作用下，KDNBF 的得率、假密度及晶形见表 6.17。

表 6.17 在单一晶形控制剂作用下，KDNBF 的得率、假密度及晶形

晶形控制剂	得率/%	假密度/(g·cm^{-3})	晶形
MOA5	83	0.58	方块，较厚实
PVA	80	0.49	方块，薄片
Tween40	82	0.41	薄片
Span	83	0.31	扫帚状，松针状

从表 6.17 可以看出，添加 MOA5 后，对产品晶形控制作用最明显，产品晶形由松针状改变为方块状，产品的假密度增大。而 Span 对产品晶形几乎没有影响。

在两种晶形控制剂共同作用下，KDNBF 的得率、假密度及晶形见表 6.18。

表 6.18 在两种晶形控制剂共同作用下，KDNBF 的得率、假密度及晶形

晶形控制剂	得率/%	假密度/(g·cm^{-3})	晶形
MOA5 + PVA	83	0.63	方块，厚实
MOA5 + Tween40	81	0.56	薄方片
PVA + Tween40	82	0.43	不规则薄片
MOA5 + Span	82	0.58	薄方片
Tween40 + Span	81	0.42	薄片
PVA + Span	84	0.35	扫帚状薄片

由表 6.18 可见，MOA5 + PVA 联合使用，会使产品的假密度比单纯使用 MOA5 有所提高，产品为厚实方块。

制备产品的工艺流程如图 6.3 和图 6.4 所示。

（1）直接法

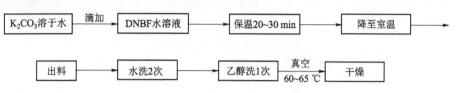

图 6.3　直接法制备产品的工艺流程

（2）间接法

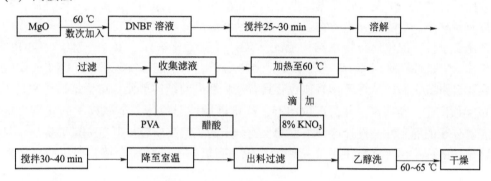

图 6.4　间接法制备产品的工艺流程

6.4.3　爆炸性能

真空安定性试验（VST）：$V_s = 0.85$ mL·g^{-1}（测试条件：温度为 (100 ± 1) ℃，时间为 48 h，药量为 0.2~0.5 g，压力为 58.8 MPa）。

摩擦感度：发火百分数为 28%（50°摆角，0.64 MPa 压力）。

火焰感度：50% 发火高度为 44.6 cm，易于点火。

撞击感度：$H_{50} = 14.7$ cm（(0.8 ± 0.002) kg 落锤），介于雷汞和叠氮化铅之间。

静电火花感度：$V_{50} = 1.8$ kV，$E_{50} = 1.62$ mJ（电容值为 10 000 pF，间隙 0.12 mm，串联电阻为 0）。与太安、黑索金及铝相容，具有良好的产气性和点火性能。

第7章
配合物类起爆药

含能配合物是一类具有强烈爆炸性的配合物的简称,可作为起爆药用于各种武器弹药或民用爆破器材中。含能配合物的物理化学稳定性和爆炸做功能力直接影响着弹药的作用可靠性和使用安全性。配位化合物用结构通式 $[ML_n](X)_m$ 来表示,其中,M 为中心离子,L 是配位体,X 是外界阴离子。从分子设计观点上分析,为了能够实现稳定的燃烧转爆轰,配位化合物自身或它们的分解产物必须含有具有催化能力的结构单元,这些结构通常是 ClO_4^-、NO_3^- 或类似离子。金属离子作为配位中心,连接可燃性配位体,金属离子的性质决定着整个配合物分子的稳定性。设计这种类型配合物分子的关键是研究出既有一定燃烧热,又具有化学稳定性的配位体。本章主要介绍硝酸肼镍、高氯酸三碳酰肼合镉、高氯酸三碳酰肼合锌。

7.1 硝酸肼镍

肼是富氮化合物,又称联氨,肼配合物是一种爆炸潜在能量较大的配位化合物,典型的代表为硝酸肼镍。硝酸肼镍(Nickel Hydrazine Nitrate,NHN),分子式为 $[Ni(N_2H_4)_3](NO_3)_2$。20世纪50年代,法国和美国曾报道过硝酸肼镍的研究简况,但由于当时对制备技术和制备工艺没有进行过系统研究,仅得到了粉末状的细晶体产品,在性能上也只反映出其良好的火焰感度和较低的机械感度,然而爆炸性能尚不理想,故未能用作起爆药。1982年,印度科学院的 K. C. Patil 教授发表了关于硝酸肼镍及其同类配合物 $[M(N_2H_4)_n](X)_m$ 的合成方法及基础性能的论文。所采用的合成方法有两种:一是可溶性的金属盐水溶液与水合肼的乙醇溶液直接反应;二是通过金属粉与溶于水合肼的铵盐溶液反应,再往反应液中加入乙醇,使产物结晶析出。国内在20世纪90年代末期对硝酸肼镍有了比较系统的研究,并通过了生产定型。

7.1.1 物理性质

硝酸肼镍为玫瑰色粒状聚晶,且不染色,颗粒尺寸一般为 80~110 μm,较均匀密实,流散性好。由密度法测得硝酸肼镍的密度为 2.129 g·cm^{-3},假密度为 0.85~0.95 g·cm^{-3}。硝酸肼镍的分子结构如图7.1所示

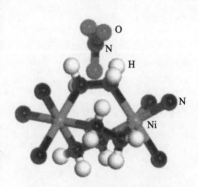

图7.1 硝酸肼镍的分子结构

二价镍离子是具有配位数为 6 的金属离子，唯一的空间构型是八面体。镍离子居于八面体中心，6 个顶角分别为 6 个氮原子所占据。由于其分子内同时含有还原性、氧化性基团，故其具有燃烧和爆炸性能。

在室温条件下，硝酸肼镍在不同溶剂中的溶解度见表 7.1。

表 7.1 室温下测得的溶解度　　　　　　　　　　　　　　g·(100 mL)$^{-1}$

溶剂	纯水	乙醇	丙酮	甲醇	乙醚
溶解度	0.004	0.033	0.039	0.009	0.010

7.1.2 化学性质

(1) 热失重及吸湿性

硝酸肼镍的 75 ℃热失重为 0.02%。

在 30 ℃条件下，硝酸肼镍的吸湿性为 0.014%。

在 70 ℃及相对湿度为 95% 的条件下，硝酸肼镍吸湿后的减重量为 0.016%。

(2) 相容性和安定性

硝酸肼镍与紫铜、铅、铁、钢片等金属均不发生化学作用，在 (50±1)℃条件下长期加热很安定。按照真空安定性试验方法试验，放出气体量 0.81 mL·g^{-1}。对 NHN 起爆药在 100 ℃的条件下加热 40 h，进行了混合质量比为 1∶1 的相容性试验，测试 NHN 起爆药与火工品常用材料的相容性，试验结果见表 7.2。

表 7.2 NHN 起爆药与常用材料的相容性

材料	$R/$ (mL·g^{-1})	结论
紫铜	0.2	相容
镁铝合金	0.1	相容
覆铜钢	-0.1	相容
法兰铁	0.4	相容
铝	-0.2	相容
紫胶造粒 RDX	1.1	相容

以上试验结果表明，NHN 起爆药与紫铜、镁铝合金、覆铜钢、法兰铁、铝及紫胶造粒 RDX 均相容，可以满足多种火工品的使用要求。

(3) 与酸碱作用

硝酸肼镍与浓硫酸作用：燃烧；

硝酸肼镍与浓硝酸、浓盐酸作用：分解不燃烧；

硝酸肼镍与稀酸、稀碱作用：缓慢分解。

(4) 毒性

硝酸肼镍为中等毒性，其废水应进行处理，其毒性等同于氮化铅、D·S、5-硝基四唑汞和 DDNP；高于铅·钡共晶、四氮烯、斯蒂芬酸等；低于 NaN_3、HN_3、雷汞等。镍粉的毒性轻微，其最大允许浓度为 $0.5 \text{ mg} \cdot \text{cm}^{-3}$。

鉴于上述情况，在硝酸肼镍的生产、使用中，应特别注意加强劳保防护、加强通风，防止其进入口鼻中，并防止废水及产品直接与皮肤接触。

7.1.3 制备方法

制备硝酸肼镍的化学反应式如下：

$$3N_2H_4 \cdot H_2O + Ni(NO_3)_2 \cdot 6H_2O = [Ni(N_2H_4)_3](NO_3)_2 + 9H_2O$$

硝酸肼镍的制造工艺流程如图 7.2 所示。

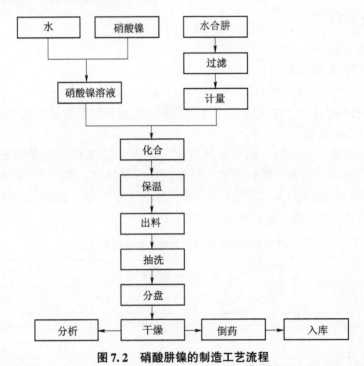

图 7.2 硝酸肼镍的制造工艺流程

(1) 溶液的配制

配制底液：取计量的纯水（或抽取母液）做反应液底液，加入化合器中。

配制硝酸镍溶液：取计量的 $Ni(NO_3)_2 \cdot 6H_2O$ 溶于纯水（或抽滤母液）中，过滤备用。

配制水合肼溶液：取浓度 80% 以上的水合肼过滤备用。

(2) 化合

开动反应器搅拌，使底液温度升到 65～70 ℃，双管等当量滴加硝酸镍和水合肼溶液，保持反应温度为 65～70 ℃。加料时间为 30～40 min，并使硝酸镍先于水合肼加完为宜。保温时间 10 min，冷却至 40 ℃ 以下即可出料。水洗 2 次后再用酒精脱水 1 次，全部滤液回收备用。抽干后，去除滤袋，将产品倒在盘中，进行分盘、烘干、倒药、入库等工序。

严格控制硝酸肼镍起爆药生产工艺条件，能获得质量可靠的硝酸肼镍药剂，满足工业 8 号火雷管装配技术要求。① 控制硝酸肼镍原材料，保证纯度在 98.0% 以上。② 采取双管对称、等当量、匀速的加料方式,水合肼提前加料,最后硝酸镍提前加入完毕,控制好加料过程。③ 反应介质 pH 控制在 7~9 之间。④ 化合温度控制在 65~75 ℃ 之间。

7.1.4 爆炸性能

(1) 撞击感度

落锤质量 (0.80±0.002) kg,压药压力 (39.2±0.49) MPa;药量 (20±2) mg,采用 7.62 mm 枪弹火帽壳。在环境温度 26 ℃、相对湿度 60% 条件下,测得 NHN 的撞击感度为 $H_{50}=25.9$ cm,$s=0.58$ cm。

(2) 摩擦感度

摆角 70°;表压 1.23 MPa;锤质量 1.5 kg,药量 20 mg;环境温度 26 ℃,相对湿度 68%。测得 NHN 的摩擦感度为 $P=22\%$。

(3) 静电火花感度

药量 (25±5) mg;放电容量 9 700 pF,放电间隙 0.18 mm,无串联电阻;输出极性负极;固定放电电压 20 kV,环境温度 21 ℃;相对湿度 48%。测得 NHN 在固定试验条件下的发火数为 0/50。

(4) 爆发点

5 s 延滞期爆发点为 283 ℃。

(5) 爆速

在 $\rho=1.7$ g·cm^{-3} 条件下,爆速为 6 500 m·s^{-1}。

(6) 极限起爆药量

用 8 号工业纸壳雷管试验,起爆药压药压力为 30 MPa,NHN 对太安和黑索金的极限起爆药量分别为 120 mg 和 150 mg。

(7) 爆热与爆容

在常压下,NHN 的爆热实测值为 4 239 J·g^{-1},爆容为 529 L·kg^{-1}。

(8) 火焰感度

40 MPa 压样,用标准黑火药药柱点火(加导管)测得 NHN 的火焰感度为 $H_{50}=72.0$ cm,$s=6.08$ cm;$H_{100}=60.0$ cm。

(9) 耐压性

对同批生产的 NHN 起爆药在同样结构下,采用不同压力进行试验见表 7.3。

表 7.3　不同压力试验下 NHN 的耐压性

起爆药量/mg	压药压力/MPa	试验量/发	试验结果
300	15.7	10	全爆
300	29.4	10	全爆
300	39.2	10	全爆
300	49	10	全爆
300	68.6	10	全爆

试验表明，NHN 耐压性能好。

（10）约束条件

NHN 起爆药的 DDT 过程，在不同加强帽的约束下药量变化较大，对起爆药起爆可靠性有很大影响，为此，做了对比试验，见表 7.4。

表 7.4　加强帽材质影响试验

序号	起爆药量/mg	加强帽	试验数量	试验结果
1	250	铝帽	10	10/10
2	270		10	10/10
3	230		10	2/10
4	250	铁帽	10	0/10

7.2　高氯酸三碳酰肼合镉

高氯酸三碳酰肼合镉（Ⅱ），简称 GTG，分子式为 $[Cd(NH_2NHCONHNH_2)_3](ClO_4)_2$。在 GTG 分子中，镉离子位于分子对称中心，该分子具有中心对称性。碳酰肼分子作为双齿配体，由羰基氧原子和第一位氮原子与中心镉离子形成配位键，配合物中共有 3 个碳酰肼分子与中心镉离子配合，与中心离子形成了六配位八面体构型。由于分子中具有多个稳定的螯合环，分子结构稳定，决定了其物理性质也相当稳定，如耐水性好、不吸湿、不水解等，作为含能材料使用非常钝感。同时，因为 GTG 分子中不含结晶水，可以保证 GTG 具有高能量输出特性。配合物的外界是两个高氯酸根离子，同配合物内界通过库仑力结合在一起。

7.2.1　物理性质

（1）外观形貌

GTG 外观为白色多面体形结晶体，表面光滑，如图 7.3 所示。为了分析 GTG 的晶粒形状，对 GTG 进行了扫描电镜分析，所得高压扫描电镜照片如图 7.4 所示。由得到的 GTG 扫描电镜图可以看出，GTG 的晶体为多面体，颗粒较为均匀，晶面之间的棱角为钝角，颗粒比较圆滑。

图 7.3　GTG 外观形貌

图 7.4　GTG 单个晶体颗粒扫描电镜照片

(2) 红外光谱

利用溴化钾压片测得的 GTG 红外光谱各峰指配如下：3 346.97 cm^{-1} 为螯合环中 (Cd)N—H 的伸缩振动吸收峰，3 308.28 cm^{-1} 为螯合环中 (C)N—H 的伸缩振动吸收峰，3 250.64 cm^{-1} 为螯合环外 (C)N—H 的伸缩振动吸收峰，3 178.73 cm^{-1} 为螯合环外 (N)N—H 的伸缩振动吸收峰，1 657.73 cm^{-1} 为 C=O 的伸缩振动吸收峰，1 606.04 cm^{-1} 为 (O)N—H 的变形振动与 C=O 的伸缩振动所形成的耦合峰，1 513.49 cm^{-1} 为 (N)N—H 的变形振动与 C—N 的伸缩振动所形成的耦合峰，1 415.06 cm^{-1} 为环外 C—N 伸缩振动吸收峰，1 334.28 cm^{-1} 为环内 C—N 伸缩振动吸收峰，1 144.32、1 114.29、1 086.38、629.16 cm^{-1} 为 ClO_4 的吸收峰。

(3) 溶解度

GTG 不溶于酒精、醚、苯、卤代烃的溶液。GTG 不溶于乙酸，当有无机酸存在时，GTG 溶解并且分解成镉无机酸盐和碳酰肼无机酸盐。GTG 在水和 5% 的碳酰肼溶液中的溶解度随温度变化见表 7.5。结果表明，GTG 在水中具有一定的溶解量，因此，可以用水作溶剂对 GTG 进行分析，也可以用水作溶剂对少量的 GTG 进行精制。

表 7.5 GTG 起爆药的溶解度

水		5%碳酰肼水溶液	
T_1/℃	G_1/%	T_2/℃	G_2/%
21.0	1.75	21.3	0.54
30.0	2.67	30.0	1.01
39.5	3.62	40.0	2.25
49.0	6.09	50.0	4.32
58.0	8.58	58.8	6.91
70.0	14.30	70.0	11.50
78.0	18.58	79.0	16.58

(4) 晶体结构

将制备出的 GTG 溶解于碳酰肼的饱和水溶液中，稍微加热，以溶解较多的 GTG，待 GTG 充分溶解后过滤，将滤液移入培养皿中，置于单晶培养箱中培养，约一周后即得到供分析用的单晶。

选取尺寸为 0.58 mm×0.50 mm×0.46 mm 的单晶，在 Siemens P4 型四圆单晶衍射仪上，用 Mo/kα 射线、石墨单色器，λ=0.710 73，在 290 K 温度下收集数据。在 3.11°<θ<17.94°范围内，以 36 个衍射点精确测定取向矩阵和晶胞参数。用 ω 方式扫描，扫描范围 1.94°<θ<30°，h：0~14，k：0~12，l：−30~29，共收集衍射点 6 261 个，独立衍射点 5 429 个，其中 $F_0>4\sigma(F_0)$ 的 4 338 个衍射点用于结构测定和修正，全部数据均经半经验吸收校正。所得 GTG 的晶胞参数为：a = 10.281 0 (10)、b = 8.617 0 (10)、c = 21.360 0 (10)，α = 90.00°、β = 100.53°、γ = 90.00°，V = 1 860.4 (3)，Z = 4，

$Dc = 2.076 \text{ g} \cdot \text{cm}^{-3}$, $\mu = 1.543$, $F(000) = 1\,160$, $(\Delta/\sigma)_{\max} = 0.012$, $\omega = 1/[\sigma^2(F_0^2) + (0.049\,6P)^2]$, $P = [\max(F_0^2, 0) + 2F_C^2]/3$,晶体属于单斜晶系,空间点群为 $P2(1)/n$,分子结构图如图 7.5 所示。

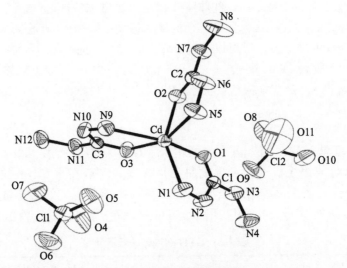

图 7.5 GTG 分子结构图

7.2.2 化学性质

(1) 热分解

采用 DSC 和 TG – DTG 方法对 GTG 的热分解过程进行测试。该配合物在 10 ℃ · min⁻¹ 线性升温速率下所得典型的 DSC 和 TG – DTG 曲线如图 7.6 所示。

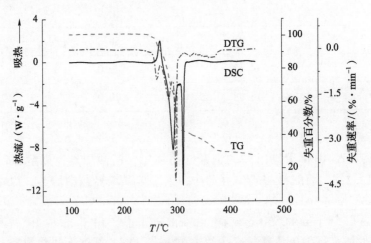

图 7.6 GTG 的 DSC/TG – DTG 图

由图可以看出,DSC 曲线上,在 249 ~ 258.2 ℃之间有一小的吸热峰,相应的 TG – DTG 曲线上同一吸热阶段,GTG 质量减少 8.59%,表明 GTG 在这一温度范围内有熔化分解反应过程。在 258.2 ~ 300.9 ℃范围内,有两个连续放热峰,而 TG 分析表明,在这一温度范围内,其质量减少至 66.27%。GTG 在这一温度范围内发生急剧的放热分解反应。

GTG 分子受热而导致结构破坏,产生大量的气体产物,并放出大量的热量。

(2) 安定性与相容性

1) 75 ℃加热试验

对 GTG 起爆药进行 75 ℃、48 h 加热试验,试验得到失重结果为:
$x_1 = -0.12\%$;$x_2 = -0.12\%$;平均值 $= -0.12\%$。

2) 常温高湿吸湿试验

对 GTG 起爆药进行了常温高湿条件下的安定性试验,试验温度为 30 ℃、相对湿度为饱和硝酸钾水溶液的饱和蒸汽,将两组试样同时贮存 24 h、48 h、72 h 和 96 h 后,分别称量出试样质量的变化,所得试验结果见表 7.6。可以看出,在试验条件下,GTG 起爆药的吸湿增加的质量很小,GTG 在常温高湿条件下的安定性很好。

表 7.6 GTG 起爆药在常温高湿条件下的吸湿性

增加的质量/%	贮存时间/h			
	24	48	72	96
x_1	0.004 8	0.019	0.009 6	-0.019
x_2	0.028	0.003 9	-0.003 9	-0.003 9
$\bar{x}$	0.016	0.011	0.002 8	-0.011

3) 高温高湿吸湿试验

对 GTG 起爆药进行高温高湿条件下的安定性试验,试验温度为 70 ℃、相对湿度为 96%,试验结果见表 7.7。结果表明,在试验条件下,GTG 在高温高湿条件下的安定性很好。

表 7.7 GTG 起爆药在高温高湿条件下的吸湿性

增加的质量/%	贮存时间/h			
	24	48	72	96
x_1	0.003 6	-0.022	0.007 3	-0.007 3
x_2	0.012	0.004 0	-0.012	0.004 0
$\bar{x}$	0.007 8	-0.009	-0.002 4	-0.001 6

4) 真空安定性试验

在 100 ℃条件下试验 48 h,GTG 起爆药的产气量为 0.07 mL·g^{-1}。该试验结果表明,GTG 的真空安定性很好。

5) 相容性

① 汞压力计法。

对 GTG 起爆药与火工品常用材料进行了相容性测试和结果计算,所得结果见表 7.8。该试验结果表明,GTG 起爆药与常用火工品材料的相容性好,可以满足多种火工品的使用要求。

表 7.8 GTG 与常用材料的相容性

材料	R/mL	结论
铝	0.3	相容
铝镁合金	0.8	相容
法兰铁	0.0	相容
覆铜钢	0.1	相容
镍铜	0.6	相容
2% 紫胶 RDX	0.2	相容

② 常温高湿埋药法。

将铝、铝镁、镍铜、紫铜、法兰铁、覆铜钢制成的雷管壳用无水乙醇洗净、烘干后，放入表面皿中，用 GTG 起爆药埋起来，置于 95% 硝酸钾饱和水溶液在常温条件下形成的饱和蒸汽中，过一定时间后观察雷管壳表面的变化情况。在该试验条件下，每一个月观察一次，共试验 3 个月。结果表明，在常温高湿条件下，GTG 起爆药与所使用的试验材料相容性良好。测试结果见表 7.9。

表 7.9 GTG 与常用材料在常温高湿条件下的相容性

材料	时间/月		
	1	2	3
铝镁和金	无	无	无
法兰铁	无	无	无
紫铜	无	无	无
覆铜铝	无	无	无
镍铜	无	无	无

注："无"是指肉眼观察下未发生化学反应、未生成腐蚀等现象。

7.2.3 制备方法

高氯酸三碳酰肼合镉（Ⅱ）由碳酰肼的水溶液与高氯酸镉的水溶液在一定条件下反应制取，反应方程如下：

(1) 高氯酸镉溶液的配制

$$CdCO_3 + 2HClO_4 = Cd(ClO_4)_2 + H_2O + CO_2 \uparrow$$

(2) 化合制备 GTG

$$Cd(ClO_4)_2 + 3CO(N_2H_3)_2 = [Cd(CON_4H_6)_3](ClO_4)_2$$

具体的制备工艺如下：

(1) 碳酰肼溶液的配制

将去离子水加入配料槽中，称取计算量的碳酰肼溶于上述配料槽中，将配料槽加热至 40～60 ℃，在充分搅拌下，碳酰肼溶解。

将上述溶液过滤，并用一定量的去离子水将配料容器充分洗涤干净后过滤，收集滤液。在搅拌下，向上述滤液中加入高氯酸（分析纯），调节溶液的 pH 达到 7。

（2）高氯酸镉溶液的配制

将计算量的去离子水加入配料器中。在搅拌条件下，分别将计算量的高氯酸（浓度为70%）与碳酸镉粉体（纯度不小于97%）缓慢地加入配料器中。注意，控制反应过程不要太剧烈，以防产生大量二氧化碳气体而引起喷料。反应结束后，在50 ℃下加热搅拌15 min。将该反应液澄清后过滤，并用去离子水充分洗涤有关的容器、滤饼和滤袋，加入上述滤液中，形成高氯酸镉溶液备用。

（3）GTG起爆药的制备

以其中一种反应液为底液，另一种反应液为滴加液，调整化合器的搅拌速度至要求的范围，控制反应温度在45~55 ℃，加料时间控制在30 min左右，加完料后，继续保温反应15 min，然后降温至25 ℃以下出料。工艺过程如图7.7所示。

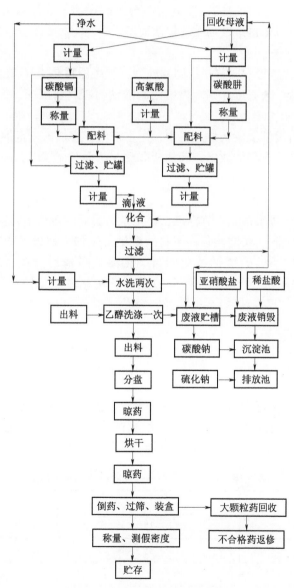

图7.7 GTG制备反应工艺流程

GTG 化合后的所有工序和操作工艺都严格按照目前叠氮化铅起爆药的方式进行，产品在 60 ℃、真空条件下干燥 50 min。烘干后的产品凉药 15 min 后，过 CQ11 号筛，收集筛下物为合格产品。

7.2.4 销毁处理

（1）废水成分

GTG 起爆药生产废水的主要来源是循环使用后余下来的部分母液、全部的洗涤液、化合器和过滤器等设备的洗涤液。由于 GTG 起爆药制备用原料液的浓度较高，每 5 kg 投料只有 30 mL 左右的母液，再加上母液的循环使用，产生的废水量很少。所有这些废水的混合液仍然是无色透明液体，没有颜色污染，易处理。

在 GTG 起爆药废水中，含有的主要有害成分为碳酰肼、高氯酸根、镉离子、GTG。因此，销爆及处理方法可以依据这些物质的性质而定。

（2）销爆原理及方法

在 GTG 废水的处理过程中，首先是销爆处理，销爆原理是 GTG 在强酸性溶液中分解为高氯酸镉和碳酰肼的盐，失去爆炸性。再用亚硝酸钠与碳酰肼反应，使其分解成二氧化碳、氮气和水。

具体的操作是，将废液及废药放入桶中，用水浸泡，先加入一定的亚硝酸钠，搅拌溶解后，缓慢加入盐酸溶液，有气体放出，滴加盐酸反应至无气体放出，即表明碳酰肼已经销毁完毕。

（3）镉离子沉淀

为了使 GTG 的生产废水达到排放标准，必须从销爆后的溶液中将镉离子沉淀出来。

具体的操作过程如下：在搅拌条件下将碳酸钠粉体加入销爆后的废水中，溶液中即出现白色沉淀物，控制体系的碳酸钠过量即可。将溶液澄清后分离，回收碳酸镉沉淀物，清液部分继续用硫化钠溶液处理，将残余的镉离子转化成硫化镉沉淀，此时的清液可直接排放。

7.2.5 爆炸性能

（1）撞击感度

1）测试数据

将 GTG 用 400 MPa 的压力压入 7.62 mm 火帽中，落锤质量为 800 g、药量为 200 mg，相同条件下不同起爆药的测试结果见表 7.10。由测试结果可以看出，在该试验条件下，GTG 起爆药的撞击感度与叠氮化铅、D·S 起爆药相当，比 DDNP 的高。

表 7.10　GTG 起爆药与其他起爆药的撞击感度

样品	H/cm	爆炸率/%
GTG	35	98
DDNP	35	12
D·S	35	100
糊精 LA	35	98

在 5 kg 落锤的测试条件下，GTG 撞击感度与猛药剂对比的测试结果见表 7.11。试验结果表明，在该测试条件下，GTG 起爆药的撞击感度比太安猛药剂的感度还低。

表 7.11　GTG 起爆药与猛药剂的撞击感度

样品	H_{50}/cm	s/cm	试样量/发
特屈儿	48.2	0.04	26
太安	16.6	0.03	26
DDNP	23.5	0.04	24
GTG	24.5	0.05	26

2）粒度与撞击感度

测试条件为：800 g 重锤，将 20 mg 的不同粒度 GTG 起爆药压入 7.62 mm 的火帽壳中，按照规定的程序进行测试。所得测试结果见表 7.12，粒度与撞击感度的关系如图 7.8 所示。

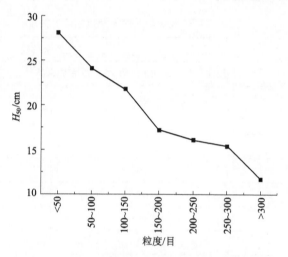

图 7.8　GTG 起爆药的粒度与撞击感度的关系

表 7.12　GTG 起爆药的粒度与撞击感度的关系

粒度/目	<50	50~100	100~150	150~200	200~250	250~300	>300
H_{50}/cm	28.1	24.1	21.8	17.2	16.1	15.4	11.7

由表 7.12 和图 7.8 可以看出，GTG 起爆药的撞击感度与粒度的分布具有极为密切的关系，最大药剂粒子 <50 目，其 50% 发火落高为 28.1 cm，最细的药剂粒子 >300 目，其 50% 发火高度为 11.7 cm，二者具有较好的线性关系。

从撞击感度与粒度的关系来看，GTG 起爆药的颗粒越小，撞击感度越高，因此，在 GTG 起爆药制备过程中，要控制反应条件，使形成的小颗粒尽量减小，以降低 GTG 起爆药的感度。

(2) 摩擦感度

摆锤质量 1.5 kg，试样量为（20±1）mg，所得结果见表 7.13。测试结果表明，在相同测试条件下，GTG 起爆药的摩擦感度分别比叠氮化铅和 DDNP 的感度都低。

表 7.13　GTG 起爆药与其他药剂的摩擦感度

样品	摆角/(°)	表压/MPa	第一次/%	第二次/%	平均/%
GTG	90	1.96	56	64	60
GTG	70	1.23	8	12	10
结晶 LA	70	1.23	56	72	64
DDNP	70	1.23	80	88	84
糊精 LA	70	1.23	100	100	100
PETN	70	1.23	0	0	0

GTG 起爆药的摩擦感度与粒度的关系如图 7.9 和表 7.14 所示。

表 7.14　GTG 起爆药粒度与摩擦感度的关系

GTG 粒度/目	发火率/%	
	条件 1：摆角 70°，压力 1.23 MPa	条件 2：摆角 90°，压力 1.96 MPa
>300	100	100
250~300	100	100
200~250	96	100
150~200	66	92
100~150	42	72
50~100	12	56
<50	12	30

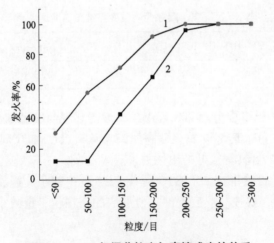

图 7.9　GTG 起爆药粒度与摩擦感度的关系

(3) 火焰感度

测试条件为：40 MPa 压样，用标准黑火药药柱点燃。结果表明，黑火药药柱产生的火焰不能点燃 GTG 起爆药试样，即便将标准黑火药药柱放在 GTG 药面上也点不着，表明 GTG 的火焰感度极低；用明火直接点燃 GTG 起爆药也不能使其着火；只有将其均匀地撒在纸上，用火点燃纸后，在纸燃烧的情况下才能带着 GTG 起爆药一起缓慢地燃烧，产生明亮的黄色火焰。

GTG 起爆药火焰感度低的根本原因，是 GTG 中不含对火焰敏感的基团。并且 GTG 起爆药能够稳定燃烧的条件之一是燃烧环境压力必须大于 2.1 MPa，否则就不能燃烧。因此，GTG 起爆药不能单独用作开口式火焰雷管的起爆药。

GTG 起爆药的火焰感度低，这是其作为起爆药的重要缺陷之一，但又是其重要的优点之一。因此，用 GTG 装配的火雷管，在开口状态下用导火索点不着，可以确保其在生产过程的安全。而装配电雷管或其他封口雷管，均可可靠地实现燃烧转爆轰。

(4) 爆发点

进行 5 s 延滞期爆发点测定，测试结果为 367 ℃。

(5) 静电火花感度

静电火花感度试验结果见表 7.15。试验结果表明，GTG 起爆药的静电感度很低，远低于目前使用的斯蒂芬酸铅、叠氮化铅等常规起爆药的静电感度。

表 7.15 GTG 起爆药的静电火花感度

样品	试验条件								质量电荷密度 ρ_m / ($\mu C \cdot kg^{-1}$)	s/ ($\mu C \cdot kg^{-1}$)
	极性	电容	电阻 /kΩ	室温 /℃	湿度 /%	间隙 /mm	V_{50}/kV	E_{50}/J	s/J		
GTG	负	0.22 μF	240	23	55	1.25	4.77	2.50	0.34	16.01	1.09
	正	0.22 μF	240	23	55	1.25	3.97	1.73	0.41		

(6) 静电积累量

测试 GTG 起爆药的静电积累量的条件为：虫胶牛皮纸滑槽，有效长度为 600 mm，倾角为 50°，药量为 5 g，测试时的室温为 25 ℃，相对湿度为 50%。测量结果为：

$$Q_1 = -7.42 \times 10^{-2} \mu C, \quad Q_2 = -8.09 \times 10^{-2} \mu C, \quad Q_3 = -8.50 \times 10^{-2} \mu C$$

$$\rho_m = 16.01 \ \mu C \cdot kg^{-1}, \quad s = 1.09 \ \mu C \cdot kg^{-1}$$

式中，ρ_m——质量电荷密度，$\mu C \cdot kg^{-1}$；

s——偏差，$\mu C \cdot kg^{-1}$。

(7) 燃速与爆速

GTG 起爆药的燃速与环境压力有密切的关系，只有当环境压力高于 2.1 MPa 后，GTG 才能稳定地燃烧，其燃速与压力的关系如下：

压力范围：2.1~3.5 MPa　　　　　$u = 0.331p$

压力范围：3.6~40 MPa　　　　　$u = 10.1p$

式中，u——GTG 起爆药的燃速，$cm \cdot s^{-1}$；

p——环境压力，MPa。

对 GTG 起爆药进行了爆速测定,所得结果如下:$\rho = 1.9 \text{ g} \cdot \text{cm}^{-3}$,$v_D = 5\,540 \text{ m} \cdot \text{s}^{-1}$。

(8) 爆热与爆容

GTG 的爆热为 $3\,900 \text{ kJ} \cdot \text{kg}^{-1}$,爆容为 $730 \text{ L} \cdot \text{kg}^{-1}$。

(9) 铅铸试验

将 1 g 的 GTG 起爆药装配雷管进行小型铅铸试验,分别用铁壳和铝壳各装配 2 发,按试验程序进行测试,所得结果见表 7.16。测试结果表明,GTG 起爆药的做功能力与 DDNP 相当,属于猛炸药的做功能力。

表 7.16 GTG 起爆药的铅铸扩张值

样品	约束条件	铅铸扩张值/mL
GTG	铁壳铜帽	21.0
GTG	铝壳铜帽	26.0
DDNP	铝壳铜帽	25.0
雷汞	无	8.1
叠氮化铅	无	7.2

(10) 极限起爆药量

对 GTG 起爆药的极限起爆药量进行了测试,发现分别在装药量为 10 mg、20 mg、30 mg、40 mg、50 mg 的条件下,均不能实现 GTG 起爆药对黑索金的成功起爆。由于 GTG 起爆药是一种典型的燃烧转爆轰型的起爆药,其 DDT 过程与装药条件和燃烧条件有很大的关系。因此,需要对每种管壳和不同的装配条件进行试验,以确定不同装药条件下 GTG 起爆药的极限起爆药量。在试验中,GTG 起爆药的极限起爆药量都是组装成电雷管测试的,主装药、松装药为钝化黑索金,压合压力为 40 MPa。测试结果见表 7.17 ~ 表 7.19。

表 7.17 GTG 装填铁壳雷管极限药量

管壳	加强帽	药量/mg	试验数量/发	试验结果
铁	铁(正常)	140	50	全爆
铁	铝(正常,2.5 mm 孔)	190	50	全爆
铁	铜(正常,2.5 mm 孔)	130	50	全爆
铁	铝(加长)	60	50	全爆

表 7.18 GTG 装填铝壳雷管极限药量

管壳	加强帽	药量/mg	试验数量/发	试验结果
铝	铝(正常,2.5 mm 孔)	230	50	全爆
铝	铜(正常,2.5 mm 孔)	180	50	全爆
铝	铝(加长)	50	50	全爆

表7.19　GTG 装填纸壳雷管极限药量

管壳	加强帽	药量/mg	试验数量/发	试验结果
纸（6层）	铁（加长）	160	50	全爆
纸（6层）	铝（加长）	50	50	全爆
纸（4.5层）	铁	220	50	1 发半爆

上述不同材质的管壳与不同材质加强帽的组合试验结果表明，GTG 起爆药用于铝管壳与铝加强帽的组合时，装药量太高，用于薄纸壳时，也出现同样的情况，并且还出现半爆；而对于强度高的管壳而言，其极限药量为 140 mg；只有当使用加长的加强帽时，极限药量才会降至 50 mg，此时，GTG 与 K·D 起爆药、D·S 共晶起爆药的威力相当。这些试验结果表明，GTG 起爆药的燃烧转爆轰与装药条件关系极为密切。

(11) 耐压性

不同装配条件下，工程雷管中 GTG 起爆药的耐压性测试结果见表 7.20。

表7.20　GTG 起爆药的耐压性

管壳	加强帽	压力/MPa	数量/发	结果
铁	铝	55	70	全爆
覆铜	铜	75	70	全爆
纸	铁	55	70	全爆

试验结果表明，GTG 起爆药的耐压性较好，优于 DDNP 起爆药，能够满足工程雷管使用要求。

7.3　高氯酸三碳酰肼合锌

高氯酸三碳酰肼合锌（Ⅱ），简称 GTX，分子式表示为 $[Zn(NH_2NHCONHNH_2)_3](ClO_4)_2$。

7.3.1　物理性质

(1) 外观形貌

GTX 起爆药为白色多面体形结晶体，流散性很好。其产品外貌和典型晶体形貌如图 7.10 和图 7.11 所示。由图可见，在正常工艺条件下制备出的 GTX 起爆药为短柱状、多面体形结晶体。

(2) 假密度

根据 GTX 分子结构分析结果，计算出其晶体理论密度为 $d_c = 2.021 \text{ g·cm}^{-3}$。GTX 起爆药晶体相对水的密度为 $d_r = 1.9509$。对批量制备的 GTX 起爆药产品的堆积密度（假密度）进行了测试，所得结果为 $d_a = 0.8 \sim 0.9 \text{ g·cm}^{-3}$。由此结果可以看出，GTX 起爆药具有较大的假密度，可以满足定容装药的使用要求。

常见起爆药的假密度数据见表 7.21。从表中数据可以看出，叠氮化铅具有较大的假密度，能达到 $1.4 \sim 1.7 \text{ g·cm}^{-3}$，这主要是由叠氮化铅本身的属性决定的，其晶体理论密度为 4.83 g·cm^{-3}，远远大于其他晶体。GTX 假密度与大多数起爆药相近，达到 $0.8 \sim 0.9 \text{ g·cm}^{-3}$，但是小于 GTG 的假密度。

图7.10 GTX 起爆药的产品外貌

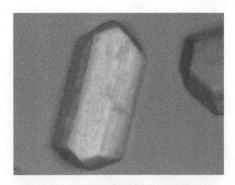

图7.11 GTX 起爆药的典型晶体形貌

表7.21 常见起爆药的密度数据　　　　　　　　　　　　g·cm^{-3}

样品	假密度	晶体理论密度
GTX	0.8~0.9	2.021
GTG	0.9~1.1	2.076
叠氮化铅（球形）	1.4~1.7	4.83
斯蒂芬酸铅	0.65	3.22
二硝基重氮酚	0.23~0.75	1.76
硝酸肼镍	0.85~0.95	2.129

（3）溶解度

GTX 在水中不同温度时的溶解度见表7.22，在水中和合成条件下的溶解度变化趋势如图7.12所示。从表中数据可以看出，GTX 起爆药在水中的溶解度随着温度的升高而增加。

表7.22 GTX 起爆药在水中不同温度时的溶解度

温度/℃	水溶液/(g·L^{-1})
20	4.55
30	5.42
40	6.29
50	15.05
55	20.71
60	25.03
63	27.68
66	29.83
70	35.50
80	45.25
90	49.36

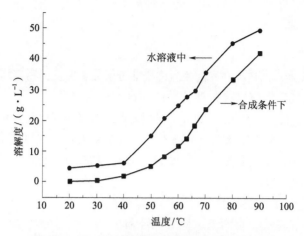

图 7.12　GTX 起爆药的溶解度随温度变化曲线

随着温度的升高，GTX 起爆药在合成条件下的母液中的溶解度逐渐变大。20 ℃时，溶解度为 0.24 g·L^{-1}，当温度上升到 80 ℃时，溶解度为 33.71 g·L^{-1}。温度对 GTX 起爆药的溶解度影响非常大，在 GTX 的制备工艺中，应该充分考虑这个特性。特别是在 GTX 起爆药合成的降温阶段，如果降温过快，由于溶解度急剧变化，将会有大量 GTX 细小结晶迅速析出。因此，降温阶段应该控制降温速率，保证 GTX 溶解度不致变化过大。

利用高温下 GTX 在水中溶解度较大的特点，可以用水作溶剂对 GTX 进行分析，也可以用水作溶剂对少量的 GTX 起爆药样品进行精制。

（4）分子结构

选取尺寸为 0.13 mm×0.30 mm×0.30 mm 的单晶，置于 Rigaku AFC-10/Saturn 724$^+$ 型 CCD 面探 X 射线单晶衍射仪上，测得 GTX 的分子结构如图 7.13 所示。该配合物分子由中心金属离子 Zn^{2+}、配体碳酰肼（CHZ）及外界 ClO_4^- 组成。CHZ 分子作为双齿配体，由羰基 O 原子和端位 N 原子分别与中心锌离子配位成键，中心离子为六配位八面体结构。在配合物分子中，每个 CHZ 分子都与锌离子配位成五元螯合环，分子中存在 3 个类似的五元环。3 个螯合环的形成增强了整个配合物分子的结构稳定性。GTX 的分子结构如图 7.13 所示。

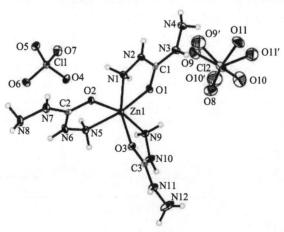

图 7.13　高氯酸三碳酰肼合锌的分子结构

7.3.2 化学性质

(1) 75 ℃加热试验

将一定量的 GTX 起爆药放置在专门装置内受热分解或者挥发,测定其在 75 ℃、48 h 条件下质量的减少,以试样减少的质量分数评价被测药剂的热安定性。

对 GTX 起爆药进行了 75 ℃、48 h 加热试验,试验得到的质量损失结果为:$x_1 = 0.026\%$,$x_2 = 0.045\%$,平均结果为 0.036%。测试结果表明,在试验条件下 GTX 起爆药质量损失在测量衰减范围内变化量很小,表明该起爆药热安定性良好。

(2) 常温高湿吸湿试验

对 GTX 起爆药进行了常温高湿条件下的安定性试验,试验温度为 30 ℃、相对湿度为饱和硝酸钾水溶液的饱和蒸汽,将两组试样(1 号和 2 号)同时储存 24 h、48 h、72 h、96 h 和 120 h 后,分别称量出试样质量的变化。所得试验结果见表 7.23。结果表明,GTX 起爆药 120 h 内达到吸湿平衡。在试验条件下,GTX 起爆药的吸湿增重很小,1 号瓶和 2 号瓶的增重率分别为 0.020% 和 0.023%,在测量衰减范围内变化量很小,表明 GTX 起爆药在常温高湿条件下的安定性很好。

表 7.23　GTX 起爆药在常温高湿条件下的吸湿性

吸湿时间/h	试样 1 变化量/%	试样 2 变化量/%	平均变化量/%
24	0.003 3	−0.003 3	0
48	0.006 6	−0.003 3	0.001 65
72	0.009 9	0.006 6	0.008 25
96	0.017 0	0.020 0	0.018 5
120	0.020 0	0.023 0	0.021 5

(3) 高温高湿吸湿试验

对 GTX 起爆药进行高温高湿条件下的安定性试验,试验温度为 60 ℃、相对湿度为饱和硝酸钾水溶液的饱和蒸汽,将两组试样(1 号和 2 号)同时储存 24 h、48 h、72 h、96 h 和 240 h 后,分别称量出试样质量的变化。所得试验结果见表 7.24。试验结果表明,GTX 起爆药在 72 h 内就已达到吸湿平衡。在试验条件下,GTX 起爆药的吸湿平衡增重率为 0.23%,表明 GTX 起爆药在常温高湿条件下的吸湿变化量较小,安定性很好。

表 7.24　GTX 起爆药在高温高湿条件下的吸湿性

吸湿时间/h	试样 1 变化量/%	试样 2 变化量/%	平均变化量/%
24	0.12	0.080	0.10
48	0.20	0.24	0.22
72	0.21	0.25	0.23
96	0.20	0.25	0.23
240	0.20	0.25	0.23

(4) 真空安定性试验

利用动态真空安定性测试(DVST)方法,在 100 ℃条件下试验 48 h,所得结果为 GTX

起爆药的产气量为 0.833 mL·g^{-1}。测试结果表明，GTX 起爆药的真空安定性很好。

（5）相容性

1）量气法

对 GTX 起爆药与火工品常用管壳材料（Cu、Al、Fe）和常用药剂（PETN、RDX）进行了相容性测试。测试前将 3 种材质的管壳制成粒度为 40 目以下的颗粒，测试结果见表 7.25。

表 7.25　GTX 起爆药 DVST 的相容性

序号	样品	放气量/(mL·g^{-1})	净增放气量/(mL·g^{-1})	结论
1	GTX 起爆药	0.833	—	安定性好
2	PETN	0.573	—	安定性好
3	RDX	1.330	—	安定性好
4	GTX 起爆药 + Cu	0.384	−0.449	相容性好
5	GTX 起爆药 + Al	1.124	0.291	相容性好
6	GTX 起爆药 + Fe	0.432	−0.401	相容性好
7	GTX 起爆药 + PETN	1.940	0.534	相容性好
9	GTX 起爆药 + RDX	2.720	0.557	相容性好

试验结果表明，GTX 起爆药与常用管壳材料（Cu、Al、Fe）、常用药剂（PETN、RDX）的相容性良好。

2）常温高湿埋药试验

将铝、铝镁合金、镍铜、紫铜、法兰铁、覆铜钢制成的雷管壳用无水乙醇洗净、烘干后，放入表面皿中，用 GTX 起爆药埋起来，置于 95% 硝酸钾饱和水溶液形成的饱和蒸汽中，过一定时间后观察雷管壳表面的变化情况。GTX 起爆药与常用材料在常温高湿下的相容性见表 7.26。试验结果表明，在前 2 个月内，在常温高湿条件下，GTX 起爆药与所有试验材料的相容性都很好，而过 3 个月后，在含铜质材料的表面都会生成黑色颗粒，但在材料表面没有出现腐蚀点，这是高氯酸盐类药剂的共性。试验进行到 6 个月后，在覆铜壳表面和口部出现锈蚀。结果表明，GTX 起爆药与铝、铝镁合金、镍铜、紫铜、法兰铁的相容性良好，而对覆铜钢有较明显的腐蚀作用。

表 7.26　GTX 起爆药与常用材料在常温高湿下的相容性

材料	时间/月						
	1	2	3	4	5	6	7
铝	无	无	无	无	无	无	无
铝镁合金	无	无	无	无	无	无	无
镍铜	无	无	无	无	有	轻	轻
紫铜	无	无	无	有	有	轻	轻
法兰铁	无	无	无	有	轻	轻	轻
覆铜钢	无	无	有	轻	重	重	重

注："无"是指肉眼观察下未发生化学反应、未生成腐蚀等现象；

"有"是指肉眼观察下有化学反应发生，出现腐蚀现象；

"重"是指肉眼观察下有明显的化学反应，出现严重的腐蚀现象。

3）高温高湿金属腐蚀试验

将铝、铝镁合金、镍铜、紫铜、法兰铁、覆铜钢制成的雷管壳用无水乙醇洗净、烘干后，放入表面皿中，用 GTX 起爆药埋起来，置于盛有 95% 硝酸钾饱和水溶液的干燥器中，将该干燥器置于 60 ℃的烘箱中，保持恒温一个月。对比试验前后各种雷管壳的腐蚀程度发现，铝、镍铜与 GTX 起爆药具有非常好的相容性，法兰铁、黄铜与 GTX 起爆药的相容性可以接受，紫铜、覆铜钢、纯铁与 GTX 起爆药的相容性差。这些结果与前述 DVST 试验结果、常温高温试验结果具有一致性。

7.3.3 制备方法

（1）反应原理

GTX 由碳酰肼的水溶液与高氯酸锌的水溶液在一定条件下反应制得，主要反应方程如下：

$$ZnO + HClO_4 \rightarrow Zn(ClO_4)_2 + H_2O$$
$$Zn(ClO_4)_2 + CHZ \rightarrow [Zn(CHZ)_3](ClO_4)_2$$

式中，CHZ 为碳酰肼，分子式为 $H_2NHNCONHNH_2$。

（2）反应工艺

高氯酸锌溶液的配制：将计量比的氧化锌加入适量去离子水中，强力搅拌使其充分分散在去离子水中。缓慢滴加计量比的高氯酸，持续搅拌。滴加完毕后，将烧杯置于 60 ℃左右的水浴中加热，使氧化锌充分反应。用 pH 试纸测试反应液，若 pH = 5 ~ 6，说明反应完全，过滤反应液，备用。

碳酰肼溶液的配制：称取计量比的碳酰肼溶于适量的去离子水中，待完全溶解后过滤，备用。

将计算量的碳酰肼溶液置于化合器中作为反应底液，加热至一定温度后，滴加计算量的高氯酸锌溶液。滴加完毕，保温一段时间。自然冷却至室温出料。所得白色结晶用蒸馏水洗涤两次，用无水乙醇洗涤并脱水一次。抽滤后将产品置于 50 ℃左右的水浴烘箱中烘干。

按照以上步骤，可以制备得到 GTX 产品，但产品晶形不佳，假密度较小（$0.7 \text{ g} \cdot \text{cm}^{-3}$ 左右）。

为了解决这一问题，需要加入晶形控制剂调整制备的工艺，调整后的 GTX 得率都达到了 90% 左右，产品的假密度达到了 $0.85 \text{ g} \cdot \text{cm}^{-3}$ 左右。从得到的 GTX 起爆药的结晶形状可以看出，这种配合物具有非常好的流散性、颗粒大小比较均匀、小颗粒较少，能够很好地满足起爆药定容装药的使用要求。

7.3.4 销毁处理

从制备反应产生的母液量来看，制备 GTX 配合物产生的母液很少，为清亮透明的液体，污染小。由于 GTX 母液中不含有其他杂质离子，只有溶解了少许 GTX 起爆药和没有反应完的碳酰肼，因此，可以将其用于下次配料使用，从根本上解决起爆药生产带来的废水污染问题。

在 GTX 废药的处理过程中，主要采用销爆处理。销爆原理是 GTX 在强酸性溶液中分解为高氯酸锌和碳酰肼的盐,失去爆炸性,再用亚硝酸钠与碳酰肼反应,使其分解成二氧化碳、氮气和水。

具体的操作是,将废药放入桶中,用水浸泡,先加入一定的亚硝酸钠,搅拌溶解后,缓慢加入盐酸溶液,有气体放出,滴加盐酸反应至无气体放出,即表明碳酰肼已经销毁完毕。

7.3.5 热分解性能

在 10 ℃·min^{-1} 线性升温速率下 GTX 起爆药的典型 DSC 和 TG – DTG 曲线如图 7.14 和图 7.15 所示。

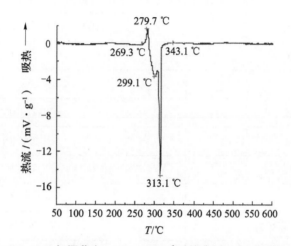

图 7.14 GTX 起爆药在 10 ℃·min^{-1} 时的典型 DSC 曲线图

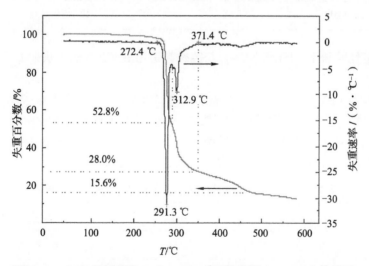

图 7.15 GTX 起爆药在 10 ℃·min^{-1} 时的典型 TG – DTG 曲线图

从 DSC 图上可以看出,[Zn(CHZ)$_3$](ClO$_4$)$_2$ 从 269.3 ℃开始有一吸热过程,吸热峰峰顶温度为 279.7 ℃。在吸热过程尚未完成时,有两个连续的放热过程,放热峰峰顶温度分别为 299.1 ℃和 313.1 ℃。从图中可以看出,第一个放热过程尚未结束,第二个放热过程紧随其后开始进行，峰形非常尖锐，表明该配合物在这一阶段发生了剧烈的放热分解反应，分子结构被破坏，产生大量的气体和热量。

从 TG – DTG 图上可以看出，在 272.4~371.4 ℃之间有两个明显的快速质量损失过程，质量损失高达 72%，表明该配合物在这一阶段发生了分解反应，分子结构被完全破坏。随后缓慢地发生质量损失，最后质量减至 15.6%。如果 Zn 元素最后以 ZnO 的形式存在，则理论上该配合物受热分解产生的残渣质量为 15.1%，这一数值与图中剩余残渣量 15.6% 很接近，据此可以推测该配合物分解反应的最终产物以 ZnO 为主。

GTX 起爆药的热稳定性与其他常规火工药剂的对比数据测试结果见表 7.27。

表 7.27 GTX 起爆药的热稳定性与其他常规火工药剂的对比数据

样品	第一热分解峰峰顶温度 T_p/℃
GTX	299.1
GTG	258.2
NHN	220.0
BNCP	290.8
CP	309.7
叠氮化铅	338.4
中性斯蒂芬酸铅	285.5
二硝基重氮酚	130.0
四氮烯	148.8

GTX 热稳定性要高于 GTG 和 NHN，与钝感起爆药 BNCP 接近，表明 GTX 具有很好的热稳定性。

$[Zn(CHZ)_3](ClO_4)_2$ 的第一个放热分解峰的非等温动力学计算结果见表 7.28 和表 7.29。从表中数据可以看出，用 Kissinger 法和 Ozawa 法计算的非等温反应动力学参数基本一致。$[Zn(CHZ)_3](ClO_4)_2$ 的放热分解速率方程可近似表示为 $\ln k = 10.4 - 142.7/(RT)$，该方程可用来估算 $[Zn(CHZ)_3](ClO_4)_2$ 的放热分解速率常数。

表 7.28 $[Zn(CHZ)_3](ClO_4)_2$ 在不同升温速率下的峰温

升温速率 β/(K·min^{-1})	峰顶温度 T_p/K
5	561.8
10	572.3
15	581.3
20	586.3

表7.29 [Zn(CHZ)$_3$](ClO$_4$)$_2$非等温反应动力学参数计算结果

参数	Kissinger法	Ozawa法
活化能 E_a/(kJ·mol^{-1})	142.7	144.8
指前因子 lnA	10.94	—
线性相关系数 r	-0.996 9	-0.997 3

7.3.6 爆炸性能

（1）撞击感度

对GTX起爆药进行撞击感度的测试，落锤质量为800 g、药量为20 mg，将其用40 MPa的压力压入7.62 mm火帽壳中，按照标准规定的程序进行测试，感度数据没有呈现出正常的正态分布。2 kg的落锤、药量为30 mg、25 cm落高条件下，发火的平均值为70%；5 kg的落锤、药量50 mg、25 cm落高条件下，发火的平均值为90%。表明GTX起爆药是一种钝感型药剂，对撞击作用的敏感性小于传统的起爆药。

对不同粒度的GTX起爆药进行撞击感度测定，以获得粒度与撞击感度的关系，为控制制备与生产条件提供依据。测试条件为：2 kg落锤，25 cm落高，30 mg药量。所得测试结果见表7.30。

表7.30 不同粒度区间GTX起爆药的撞击感度

序号	粒度区间	发火概率/%
1	全粒度混合样	70
2	<40目	68
3	40~100目	70
4	100~140目	48
5	140~200目	16

测试结果表明：① 随着GTX起爆药粒度增大，其撞击感度变大；② 40~100目粒度之间的GTX起爆药所占比重最大，该粒度区间药剂的撞击感度决定了GTX起爆药的宏观撞击感度。

（2）摩擦感度

按照摩擦感度试验测试方法，利用MGY-1摆式摩擦感度仪对GTX起爆药进行摩擦感度测试。摆锤质量1.5 kg，试样量为20 mg，分别选用不同的摆角和压力条件进行测试，每组测试25发样品，计算发火百分数，并与GTG、DDNP、PETN和糊精叠氮化铅的摩擦感度进行比较，所得结果见表7.31。

表 7.31 GTX 起爆药的摩擦感度及比较

样品	摆角/(°)	表压/MPa	第一次/%	第二次/%	平均值/%
GTX	90	1.96	48	52	50
GTX	70	1.23	8	8	8
GTG	90	1.96	56	64	60
GTG	70	1.23	8	12	10
结晶 LA	70	1.23	56	72	64
糊精 LA	70	1.23	100	100	100
DDNP	70	1.23	80	88	84
PETN	70	1.23	0	0	0

测试结果表明,在相同测试条件下,GTX 起爆药的摩擦感度较为钝感,是一种钝感型药剂。

对不同粒度的 GTX 起爆药进行摩擦感度测定,以获得粒度与撞击感度的关系,所得测试结果见表 7.32。测试结果表明:① 随着粒度增大,GTX 起爆药的摩擦感度变小;② 40~100 目区间 GTX 起爆药所占比重最大,该粒度区间药剂的摩擦感度决定了 GTX 起爆药的摩擦感度。

表 7.32 不同粒度范围的 GTX 起爆药摩擦感度

序号	粒度区间	70°摆角,发火率/%	90°摆角,发火率/%
1	全粒度	8	50
2	<40 目	8	44
3	40~100 目	4	60
4	100~140 目	14	40
5	140~200 目	56	96

(3) 火焰感度

利用火焰感度仪对 GTX 起爆药进行火焰感度测试。测试条件为:40 MPa 压样,用标准黑火药药柱点火,测试 50% 发火高度。测试结果:GTX 起爆药的火焰感度为 H_{50} = 13.9 cm,s = 1.6 cm。GTG 起爆药不能被标准黑火药药柱点燃。GTX 具有较好的火焰感度。

(4) 静电感度

利用静电感度仪对 GTX 起爆药进行静电感度测试。试验条件为:电容为 0.22 μF,样品量为 25 mg。测试条件和试验结果见表 7.33。结果表明,GTX 起爆药的静电感度很低,与 GTG 起爆药的静电感度接近,远低于斯蒂芬酸铅、叠氮化铅等常规起爆药的静电感度。

表 7.33　GTX 起爆药的静电火花感度

试样名称	试验条件				试验结果					
	极性	电容 /μf	电阻 /kΩ	间隙 /mm	V_{50} /kV	$V_{0.01}$ /kV	$V_{99.99}$ /kV	E_{50} /J	$E_{0.01}$ /J	$E_{99.99}$ /J
GTX	正	0.22	100	1.0	2.29	1.84	2.74	0.63	0.37	0.82
GTX	负	0.22	100	1.0	2.31	1.72	2.91	0.59	0.33	0.93

（5）爆发点

GTX 起爆药的爆发点为 382 ℃。起爆药的爆发点对比数据见表 7.34，从表中数据可以看出，GTX 具有较高的爆发点值，热稳定性明显优于常见单质起爆药。

表 7.34　GTX 起爆药与常规火工药剂的 5 s 爆发点

药剂	5 s 爆发点/℃
GTX	382
GTG	365
NHN	260～270
CP	358
叠氮化铅	345
斯蒂芬酸铅	265
二硝基重氮酚	180
四氮烯	154

（6）爆速、爆热、爆容测定

对 GTX 起爆药的爆速进行了测定，所得结果见表 7.35。当 GTX 起爆药的装药密度为 1.50～1.55 g·cm^{-3} 时，其平均爆速为 $v_D = 7297$ m·s^{-1}。

GTX 起爆药的爆热为 4 400 kJ·kg^{-1}；GTX 起爆药的爆容为 461 L·kg^{-1}；利用高压氧弹量热仪，充氧 1 min，充氧压力为 3.1 MPa，GTX 起爆药燃烧热的平均值为 5 906.3 kJ·kg^{-1}。

GTX 爆炸性能数据见表 7.35。可以看出，GTX 爆速远远大于其他起爆药，表明其具有很强的爆炸性能。

表 7.35　GTX 爆炸性能数据

序号	样品	爆热/(kJ·kg^{-1})	爆容/(L·kg^{-1})	爆速/(m·s^{-1})
1	GTX	4 400	461	7 297 ($\rho = 1.55$ g·cm^{-3})
2	GTG	—	730	5 540 ($\rho = 1.90$ g·cm^{-3})

续表

序号	样品	爆热/(kJ·kg^{-1})	爆容/(L·kg^{-1})	爆速/(m·s^{-1})
3	叠氮化铅	1 500	308	4 478（ρ = 2.56 g·cm^{-3}）
4	斯蒂芬酸铅	1 910	470	4 900（ρ = 2.60 g·cm^{-3}）
5	二硝基重氮酚	5 900	—	6 600（ρ = 1.50 g·cm^{-3}）

（7）极限起爆药量

1）铁壳铝帽火雷管极限起爆药量

装配条件：使用长度为 45 mm 的法兰铁壳，主装药为 3% 紫胶钝化黑索金 360 mg，压药压力为 80 MPa，松装药为太安 280 mg，装入试验的 GTX 起爆药后，盖上加强帽压合，压合压力为 27.5 MPa，保压 3~5 s，用导火索组装成火雷管。

在上述装配条件下，用 ϕ35 mm×5 mm 的铅板验证雷管的爆炸情况。试验结果见表 7.36。GTX 起爆药在该装配条件下的极限起爆药量为 170 mg。

表 7.36 铁壳铝帽火雷管极限起爆药量测定结果

序号	GTX 起爆药/mg	点火药/mg	试验量/发	试验结果	铅板孔径/mm
1	100	70	50	全部半爆	
2	140	70	20	13 发半爆	
3	160	70	50	11 发半爆	9.5~11.0
4	170	70	150	全部发火	
5	180	70	100	全部发火	

2）铁壳铝帽电雷管极限起爆药量

装配条件：使用长度为 45 mm 的法兰铁壳，主装药为 3% 紫胶钝化黑索金 360 mg，压药压力为 80 MPa，松装药为太安 280 mg，装入试验的 GTX 起爆药后，盖上加强帽压合，压合压力为 27.5 MPa，保压 3~5 s，用电点火药头组装成电雷管。

在上述装配条件下，用 ϕ35 mm×5 mm 的铅板验证雷管的爆炸情况。试验结果见表 7.37。GTX 起爆药的极限起爆药量为 60 mg。

表 7.37 电雷管极限起爆药量测定结果

序号	GTX 起爆药/mg	试验量/发	试验结果	铅板孔径/mm
1	170	200	全部发火	
2	100	200	全部发火	
3	90	20	全部发火	
4	80	70	全部发火	平均值为 10.5
5	70	200	全部发火	
6	60	120	全部发火	
7	50	100	6 发半爆	

在火雷管中，GTX 起爆药的极限起爆药量为 170 mg；在电雷管中，GTX 起爆药的极限起爆药量为 60 mg。由于火雷管的装配条件对 GTX 起爆药的约束较小，需要较大的药量才能顺利起爆雷管，所以，该种条件下 GTX 的极限起爆药量较大。电雷管条件下的极限起爆药量和 GTG 起爆药接近，表明 GTX 和 GTG 具有相近的起爆能力。

（8）耐压性

将铁管壳在不同压合压力条件下进行 GTX 型电雷管耐压性试验。装配条件为：主装药剂为 3% 的虫胶钝化黑索金，装药量为 360 mg，压药压力为 80 MPa；松装药为太安，装药量为 280 mg，GTX 起爆药的装药量为 120 mg，压合压力分别为 100 MPa、80 MPa、60 MPa，装配成火雷管，用电引火药头组装成电雷管进行起爆试验，结果见表 7.38。

表 7.38 GTX 电雷管耐压性

序号	压合压力/MPa	试验雷管数/发	试验结果
1	100	50	25 发半爆
2	80	50	20 发半爆
3	60	100	全部发火

耐压性试验结果表明，GTX 起爆药在一定装药条件下具有良好的燃烧转爆轰能力，可以用作起爆药。但是，其起爆威力的大小和耐压性与雷管壳体的强度、使用条件具有密切的关系，不能像常规起爆药那样用于各种雷管中。

第8章
杂环类起爆药

杂环类化合物是一类含有非碳原子的环状有机物，常见的杂原子有氧、氮和硫原子。杂环化合物多为五元环或六元环、单环或并合环，杂环结构较稳定，不易开环，其性质受杂原子的种类、数目、位置影响。将氮原子（尤其是含有氮氮双键的基团）引入杂环中可以增加化合物爆炸性能，充分发挥含能爆炸基团的作用。因此，多氮杂环化合物及其衍生物成为起爆药的研究方向。

8.1 CP

1969 年，美国 Sandia 国家实验室就一直研究高氯酸钴氨配合物。1975 年将第一个这类高能安全钝感起爆药——高氯酸五氨·[2-(5-氰基四唑)]合钴（Ⅲ）（简称 CP）列入国家重点计划项目，在美国 Unidynamics 公司完成了千克级的中试生产。但由于 CP 存在燃烧转爆轰（DDT）距离较长、输出威力小、合成成本较高、毒性较大等问题，限制了它的应用。美国的 CP 研制计划到 1990 年结束，CP 应用了差不多 15 年。

8.1.1 物理性质

CP 是钴的配位化合物，是一种流散性较好的橘黄色晶体，其晶型属单斜晶系（$P\alpha1/a$），晶格参数为：$a = 24.777$ Å，$b = 7.673$ Å，$c = 7.884$ Å，$\alpha = 90.0°$，$\beta = 101.20°$，$r = 90.0°$，$z = 4$。晶体密度为 2.01 g·cm^{-3}。CP 的分子结构式如下：

$$\begin{bmatrix} \text{结构式} \end{bmatrix}(ClO_4)_2$$

CP 的 pH 为 4.79，在水中的溶解度很大，而在乙醇中的溶解度仅为 0.006 8 g·(100 mL)$^{-1}$，在异丙醇中为 0.004 6 g·mL^{-1}。其吸湿性为 0.08%。

CP 是一种性能介于起爆药和炸药之间的安全钝感药剂。根据其密度和限制程度的不同，它既有起爆药的特性，又有猛炸药的特性。CP 性能特殊，对冲击、摩擦较钝感，用火花不易点燃,然而,当压入雷管或适当限制时,该炸药可用热桥丝、火焰或火花点火,从而迅速达到爆轰。因此,CP 比其他常规起爆药的安全性高得多,可作为雷管的单一装药,从而为雷管的安全生产和简化雷管设计提供了条件。CP 不仅用于点火装置,而且可作为传爆输出装药等。

8.1.2 制备反应原理

CP 由高氯酸五氨·一水合钴(Ⅲ)(APCP)与 5-氰基四唑(CT)的水溶液在 85~90 ℃反应 3 h 后,经冷却结晶所得。

CP 的制备主要包括 4 个步骤:

(1) 硝酸碳酸·五氨合钴(CPCN)的制备

$$2Co(NO_3)_2 + 8NH_3(水溶液) + 2(NH_4)_2CO_3 + \frac{1}{2}O_2 \xrightarrow{H_2O} 2[Co(NH_3)_5CO_3]NO_3 + 2NH_4NO_3 + H_2O$$

(2) 高氯酸五氨·一水合钴(Ⅲ)(APCP)的制备

$$[Co(NH_3)_5CO_3]NO_3 + 3HClO_4 \xrightarrow{H_2O} [Co(NH_3)_5HCO_3](ClO_4)(NO_3)$$

$$[Co(NH_3)_5HCO_3](ClO_4)(NO_3) + 2HClO_4 \xrightarrow{H_2O} [Co(NH_3)_5H_2O](ClO_4)_3 + CO_2 + HNO_3$$

(3) 5-氰基四唑(CT)的制备

$$HCl + NaN_3 + C_2N_2 \xrightarrow[冷却]{H_2O} \text{5-氰基四唑} + NaCl$$

(4) CP 的制备

$$[Co(NH_3)_5H_2O](ClO_4)_3 + CT \xrightarrow{H_2O,\ 90\ ℃} [(NH_3)_5Co\text{-CT}_2](ClO_4)_2 + HClO_4$$

8.1.3 制备反应工艺

(1) 硝酸碳酸·五氨合钴(CPCN)的制备

在反应器中,加入氢氧化铵、碳酸铵和 $Co(NO_3)_2 \cdot 6H_2O$ 的水溶液,通过流速为 500 mL·min^{-1} 的过滤空气,搅拌 96 h,使 Co^{2+} 氧化成 Co^{3+}。停止通气后,使悬浮液加热到 70~75 ℃,以溶解 CPCN。过滤溶液,除去固体氧化物。然后冷却到 0~5 ℃,析出 CPCN。分批收集、洗涤、干燥。

(2) 高氯酸五氨·一水合钴(Ⅲ)(APCP)的制备

在反应器中,按 1∶2 的比例加入 CPCN 和水。将该浆状物冷却至 10 ℃以下,缓慢加入冷的 35% 高氯酸,并迅速搅拌。由高氯酸的加入速度控制反应液的温度不超过 10 ℃。加料之后，使反应液冷却至 5 ℃ 以下，析出并过滤产品，用异丙醇洗涤，干燥，获得粗制 APCP。

粗制 APCP 用温水溶解，加入 70% 的高氯酸进行精制，使溶液冷却不超过 10 ℃，再收集 APCP，并分小批洗涤。

(3) 5-氰基四唑 (CT) 的制备

在反应器中，加入水和叠氮化钠，将反应器置于冰浴中。搅拌溶液，使其冷却到 5 ℃，加入浓盐酸。然后通入氰气，通气速度以反应温度不超过 8 ℃ 为原则，直到氰气不再被吸收，反应完成，停止通气，并继续搅拌 1 h。然后，反应系统用空气清洗 15 min。在 5 ℃ 以下，加入浓盐酸。最后，将 NaCl 溶于反应混合物，以助下一工序的提取。反应液注入旋转蒸发器，25 ℃ 下汽提，直到气体蒸发为止。

后续操作均在通风橱中进行。将上述反应液转入分液漏斗，用乙醚提取，$CaCl_2$ 干燥，并连续汽提 3~4 h。然后收集汽提残留物，贮存在 -20 ℃ 下。

CT 的制备中有两大困难。其一是人员安全问题，CT 制备要在通风橱内进行，在可能与氰接触的全部过程中要佩戴防毒面具，在可能与 CT 接触的全部过程要戴上防护手套；其二是提取产品和干燥问题。选用乙醚溶剂多次从水中分离 CT 后，必须进行干燥，并在 40 ℃ 下进行长时间汽提，以除去乙醚。

(4) CP 的制备

在反应器中，加入 APCP、CT 和水。搅拌溶液，在 85~90 ℃ 下保温 3 h，然后用真空泵移到另一烧瓶中，并冷却至 25 ℃。用真空泵分批将 CP 浆液吸入收集器。然后分批置于分液漏斗，并用异丙醇洗涤。各批置于 Velostat（一种添加碳元素的固态材料）盘内，在空气中干燥。

8.1.4 爆炸性能

(1) 爆热与比容

CP 的气体比容为 468.8 $mL \cdot g^{-1}$，爆热为 4 030 $J \cdot g^{-1}$。

(2) 静电积累及静电感度

CP 的静电积累比三硝基间苯二酚铅和叠氮化铅的小。CP 的静电火花感度与一般炸药的相当。

(3) 火焰、摩擦及撞击感度

在试验温度为 26 ℃、相对湿度为 7% 的环境条件下，CP 的 50% 发火感度为 4.10 cm。CP 的火焰感度与特屈儿的相当。在温度为 25 ℃、相对湿度为 73%、压力为 1.23 MPa、摆角为 70° 的试验条件下，测得 CP 的摩擦感度为 16%。即 CP 的摩擦感度低于常规起爆药，但比炸药敏感。在锤重 400 g、压药压力为 39.24 MPa、温度为 26 ℃、相对湿度 72% 的条件下，50% 发火感度为 9.00 cm。即 CP 的撞击感度与三硝基间苯二酚铅的相当。

(4) 安定性与相容性

采用水银压力计法，在 (100±1) ℃ 下连续加热 40 h，测得 CP 释放的气体量为 0.11 $mL \cdot g^{-1}$。CP 的安定性较好。

采用高温高湿安定性试验微热量热法，在 50 ℃ 下，用饱和 KNO_3 溶液控制湿度，样品经 120 h 试验后，其热流量值为 0.021 3 mW·g^{-1}。在 70 ℃，相同湿度条件下，经 120 h 试验后，热流值为 0.323 mW·g^{-1}。同样条件下的 CMC – Pb(N$_3$)$_2$ 的流量值为 0.11 mW·g^{-1}。

8.2 BNCP

1994 年，由美国 Sandia 国家实验室首先合成了高氯酸四氨·双（5 – 硝基四唑）合钴（Ⅲ）（BNCP）起爆药，在美国已经应用于 DDT 雷管、SCB 雷管、激光起爆器及多种点火元件中。我国于 2000 年完成了 BNCP 的合成研究工作，主要适用于热桥丝发火和激光点火。BNCP 是一种非常好的起爆药，一直以来被应用于军用雷管和民用工程雷管中。

8.2.1 物理性质

BNCP 外观为橘黄色棒状结晶。它是典型的六配位八面体结构。该晶体属单斜晶系，空间群为 $P2(1)/n$。晶胞参数为：$a = 10.014\ 9(11)$ Å，$b = 10.538\ 7(11)$ Å，$c = 14.824\ 1(16)$ Å，$V = 1\ 479.2(3)$ Å^3，$z = 4$，$D_C = 2.050$ mg·mm^{-3}，$\mu = 1.421$ mm^{-1}，$F(000) = 928$，并得到了 BNCP 的原子坐标、等效温度因子、键长、键角和扭转角等数据。

BNCP 分子结构式如下：

钴原子与氨、5 – 硝基四唑的 6 个氮原子连接的键长均较长，达到 1.923~1.957 Å，预示键合较弱。因此，BNCP 的分解反应极有可能是先解离放出氨气，然后再与高氯酸根进行小分子的氧化还原反应。

BNCP 的主要特点是 DDT 距离比高氯酸五氨·（5 – 氰基四唑）合钴（Ⅲ）（CP）的短，输出能量比 CP 的大，机械感度高于 CP，而低于 Pb(N$_3$)$_2$，雷管壳不需特殊材料，甚至在塑料管壳中都可以完成 DDT 过程。BNCP 是一种性能优良的安全钝感起爆药，性能优于常规起爆药，其反应速度快，爆热高，产气量大，目前在激光雷管及传统的火焰雷管、桥丝雷管等火工品中已用 BNCP 替代 Pb(N$_3$)$_2$ 和 CP。钝感起爆药 BNCP 最引人注目的还是它的光敏性质。

8.2.2 制备反应原理

① 硝酸碳酸·四氨合钴（Ⅲ）（CTCN）的合成：

$$2Co(NO_3)_2 + 6NH_3 + 2(NH_4)_2CO_3 + \frac{1}{2}O_2 = 2\ [Co(NH_3)_4CO_3]NO_3 + 2NH_4NO_3 + H_2O$$

从反应式可以看出，合成 CTCN 和 CPCN 所用原材料完全一样，只有靠设计不同的操作步骤和反应条件来促使生成 CTCN，而避免生成 CPCN，这是第一步合成的关键技术。

② 由于 5-硝基四唑钠 $Na(N_4CNO_2) \cdot 2H_2O(NaNT)$ 水溶性极大，且熔点很低，反应产物难以从水溶液中分离，因而 NaNT 的分离是第二步反应的关键。

③ BNCP 是典型的引入阴离子反应。因为 BNCP 的制备涉及在 CTCN 中引入两个大的 5-硝基四唑配位体，而 CP 的制备只在 CPCN 中引入一个 5-氰基四唑配位体。反应过程分两步：

$$[Co(NH_3)_4CO_3]NO_3 + 3HClO_4 + H_2O = [Co(NH_3)_4(H_2O)_2](ClO_4)_3 + HNO_3 + CO_2$$

$$[Co(NH_3)_4(H_2O)_2](ClO_4)_3 + 2NaNT = [Co(NH_3)_4(NT)_2]ClO_4 + 2NaClO_4 + 2H_2O$$

为了保证较高的产率，反应过程中要精确控制反应的 pH、温度、反应时间和母液浓度。

8.2.3 制备反应工艺

(1) CTCN 的制备

将 $Co(NO_3)_2$ 溶于水，加到 $(NH_4)_2CO_3$ 溶液和浓氨水中，通氧气（或空气或过氧化氢）氧化 2.5 h。蒸发浓缩，过滤去渣（钴的氧化物）后，再在母液中逐步加 $(NH_4)_2CO_3$，用冰浴冷却，过滤，用乙醇洗涤，得紫红色至胭脂红色 CTCN。产率为 69.3%。DSC 分析：在 10 ℃·min^{-1} 升温速率下进行，吸热峰为 215 ℃（放出 CO_2），放热峰为 227 ℃（Co—NH_3 分解）。

(2) NaNT 的制备

配制 A 溶液：$NaNO_2$ 和 $CuSO_4 \cdot 5H_2O$ 的水溶液；配制 B 溶液：NH_2CN_4H、$CuSO_4 \cdot 5H_2O$ 和 HNO_3 的水溶液；配制 C 溶液：稀 HNO_3 溶液；配制 D 溶液：50% NaOH 溶液。将 A 冷却到 5 ℃，滴入 B，低温搅拌反应后，滴入 C，搅拌反应后过滤，酸洗，水洗，沉淀物加水，滴入 D，调至 pH=9，煮沸 30 min，过滤去渣，母液调至 pH=4。用旋转蒸发器减压去水后，冷冻母液得 NaNT 的白色结晶，过滤出产品。产率为 71.5%。DSC 分析（升温速率为 10 ℃·min^{-1}）：吸热峰为 77 ℃（脱水），放热峰为 247 ℃（分解）。

(3) BNCP 的制备

分步法：CTCN 先和 $HClO_4$ 反应，然后再和 NaNT 反应。将 CTCN 和水加入三口瓶中，搅拌下慢慢加入稀 $HClO_4$ 溶液，直至无气泡放出，在此溶液中再加入过量 $HClO_4$ 溶液。然后在搅拌下加入已配好的 NaNT 溶液。升温到指定温度，反应 3 h。然后冷却，过滤，洗涤，烘干产品。

综合法：将 CTCN 和水及一定浓度的 NaNT 溶液都加入三口瓶中，搅拌均匀，形成悬浮液，慢慢滴加 $HClO_4$ 溶液，充分赶出 CO_2 直至无气泡。然后升温到指定温度，反应 3 h 后冷却，过滤，洗涤，烘干产品。这两种方法均能得到合格的 BNCP，得率均已达到 55%以上。

8.2.4 爆炸性能

BNCD 的机械感度（$H_{50}=17$ cm，落锤 2.5 kg，35 mg）、摩擦感度（24%）均比较低。BNCP 的静电火花感度 E_{50} 为 0.99 J（正极）和 1.18 J（负极）（间隙 1.25 mm，电容 0.22 μF，电阻 160 kΩ）。BNCP 的火焰感度为当测试距离为 2 cm 时，发火的概率为

80%。

BNCP 的起始分解温度比 CP 的低 20 ℃，有利于热桥丝发火和激光点火。BNCP 能代替 $Pb(N_3)_2$ 可靠地起爆桥丝雷管。在半导体桥雷管中，BNCP 的起爆条件为 27 V、28 μF。在激光雷管中，BNCP 的起爆能量为 3 mJ。

8.3 四氮烯

四氮烯，化学名称为 1-(5-四唑基)-3-脒基四氮烯水合物，简称四氮烯，或特屈拉辛。分子式：$C_2H_8N_{10}O$，相对分子质量：188.16。分子结构式为：

$$\begin{array}{c}\text{N}=\text{N}\\\text{N}\quad\text{N}\\\text{N}-\text{H}\end{array}\!\!\!\!\!\!\!\!\text{C}-\text{N}=\text{N}-\text{N}-\text{C} \begin{array}{c}\text{NH}_2\quad\text{NH}\\ \\\text{NH}_2\end{array}\cdot\text{H}_2\text{O}$$

8.3.1 物理性质

四氮烯是微细疏松状白色或稍带黄色结晶状粉末，晶形成楔状。在有晶形控制剂的作用下，可生成近似球形的细颗粒晶体。假密度为 $0.45\ g\cdot cm^{-3}$。

四氮烯的吸湿性小，在 30 ℃ 和相对湿度 90% 的条件下，其饱和吸湿量为 0.77%。四氮烯不溶于有机溶剂，如乙醇、戊醇、乙醚、丙酮、甲苯、四氯化碳等。

8.3.2 化学性质

(1) 与水作用

四氮烯在室温条件下与水不反应，但加热至 50 ℃ 时，则有明显的分解现象；60 ℃ 时，则有强烈的分解作用，且有气体放出。故在生产中可利用加水煮沸的方法，对四氮烯进行销毁。

(2) 与酸碱作用

四氮烯是弱碱性物质，能溶于稀酸中，加水后又能析出，可以用于精制不纯品。但四氮烯会在热稀酸、冷浓酸中发生分解。随着酸浓度及作用时间的不同，生成多种水解产物。四氮烯在碱中也可分解，但分解十分缓慢。

(3) 热安定性

四氮烯晶体表面常含有一些低分子的挥发成分，加热到 50 ℃ 时，这些挥发分都失去，但四氮烯的成分无显著改变；加热到 75 ℃ 时，四氮烯仍是安定的，但加热超过 75 ℃ 时，则引起分解。75 ℃ 时加热 10 d，其失重达 8%，结晶呈黄色，但仍具有爆炸性能。若加热到 85 ℃，左右产品变褐色。85 ℃ 加热 20 d，其损失质量达 20%，若在此温度下长期加热，即变成不爆炸物质。

(4) 与金属作用

四氮烯与金属不反应，可装填于各种金属壳体中。

8.3.3 制备反应原理

四氮烯的反应原理主要是氨基胍与亚硝酸的重氮化反应。游离态的氨基胍不稳定,易分解。因此,在合成四氮烯时,使用安定性好的氨基胍重碳酸盐或硫酸盐为原料。

氨基胍重碳酸盐是白色粉末,熔点为 166~167 ℃。制备四氮烯时,在加热到一定温度的硝酸溶液中逐份加入当量的氨基胍重碳酸盐,使不溶于水的氨基胍重碳酸盐转化为可溶的氨基胍硝酸盐。氨基胍硝酸盐再与亚硝酸钠发生反应,即可生成四氮烯。

总的反应式如下:

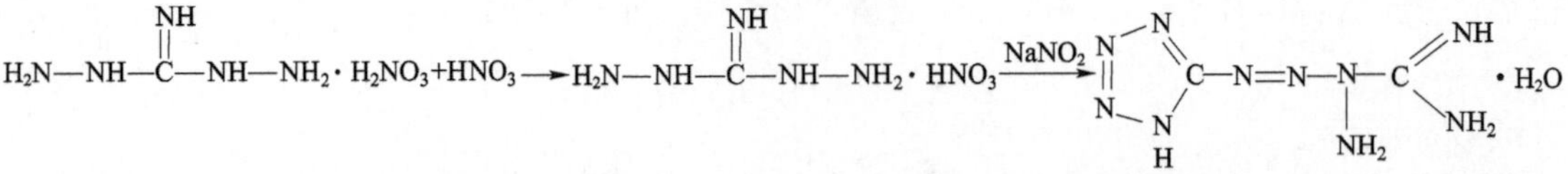

$$H_2N-NH-C(NH)-NH-NH_2 \cdot H_2NO_3 + HNO_3 \longrightarrow H_2N-NH-C(NH)-NH-NH_2 \cdot HNO_3 \xrightarrow{NaNO_2} \text{四氮烯} \cdot H_2O$$

值得注意的是,此反应在不同条件下可以生成不同的产物。在无机酸的溶液中,该反应生成叠氮脒;在醋酸溶液中,生成 1,3 - 二四氮茂基三氮烯;在弱酸性或中性溶液中,可生成四氮烯;在碱性溶液中,因重氮化反应不能进行,故不能生成四氮烯。

8.3.4 制备反应工艺

将定量亚硝酸钠倒入反应器中,注入计算量的蒸馏水,搅拌使其全部溶解(允许在 55 ℃ 以下加热情况下使其溶解),$NaNO_2$ 溶液浓度应为 35%。

在反应器中加入定量的氨基胍重碳酸盐,再注入计算量的蒸馏水,搅拌并升温至 60~70 ℃,加入 HNO_3 溶液,使其反应。在反应最后阶段用试纸检测,控制料液 pH 为 4~5 时,即停止加 HNO_3。升高温度至 85~90 ℃,并保持 3~5 min,除去 CO_2,再测料液 pH 应为 4~5。若酸度大,则加氨水中和;酸度小,则继续加 HNO_3。料液 pH 合格后,冷却至 55 ℃ 以下出料,过滤。

将氨基胍硝酸盐溶液直接注入反应器内,搅拌并升温至 50~55 ℃,将预热至 50~55 ℃ 的亚硝酸钠溶液加入化合器中,加液时间控制在 1 min 内,控制反应温度为 52~57 ℃,化合时间 1.5 h。反应结束后,温度降至 30 ℃ 以下出料。

出料后,随即将产品送至下道工序,进行洗涤、干燥等后处理。其后处理与氮化铅的相同。四氮烯制备工艺流程如图 8.1 所示。

对于四氮烯销爆及废水处理,一般采用热水煮沸的办法来消除废水中的爆炸物质,使四氮烯分解成尿素、肼、氰、氮气、水等而失去爆炸性能。

8.3.5 爆炸性能

(1) 爆炸参数

四氮烯的爆热 Q_V 约为 3 200 kJ·kg^{-1},爆容 V 在 400~450 L·kg^{-1} 之间。少量四氮烯在空气中点燃有啪啪爆音。其爆发点为 135~145 ℃。其耐压性较差,约为 49 MPa,有感度明显下降的现象。

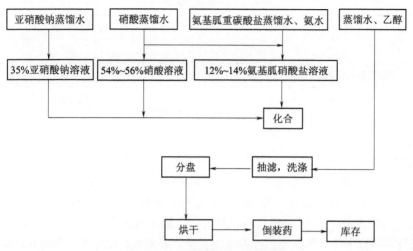

图8.1　四氮烯制备工艺流程

（2）撞击感度

见表8.1，四氮烯的撞击感度稍高于雷汞。

表8.1　四氮烯的撞击感度

样品	撞击感度（400 g落锤）	
	上限/cm	下限/cm
雷汞	9.5	3.5
糊精氮化铅	24	10.5
四氮烯	6.0	3.0

（3）摩擦感度

四氮烯的摩擦感度较雷汞的小，与结晶斯蒂芬酸铅相近，在588 kPa油压下，80°摆角，其摩擦感度见表8.2。

表8.2　四氮烯的摩擦感度

样品	发火/%
雷汞	100
结晶斯蒂芬酸铅	70
糊精氮化铅	76
四氮烯	70

（4）火焰感度

四氮烯的火焰感度低于雷汞。若以0.03 g装药，39.2 MPa压药，用标准黑火药药柱点燃，其100%的发火高度对比见表8.3。

表 8.3　四氮烯的火焰感度

样品	全发火高度/cm
雷汞	20
沥青钝化斯蒂芬酸铅	49
四氮烯	15

(5) 起爆能力

四氮烯的猛度和起爆能力均比较小，试验证明，其猛度随压药压力的增高而减小。

由于四氮烯的猛度低、起爆能力小，故不能单独用作起爆药。大多用作击发药的一个成分，若氮化铅中加入少量四氮烯，可增强氮化铅的针刺感度和点火性能。如氮化铅点火温度约在330 ℃，若加入10%~15%四氮烯，其发火点温度可降至145~150 ℃。

若在斯蒂芬酸铅中加入四氮烯，也能增加斯蒂芬酸铅的针刺感度，两者在性能上相互取长补短。斯蒂芬酸铅易结块，撞击感度小，点火能力强，分解成酸性气体；四氮烯易成粉末，撞击感度大，点火能力弱，分解成碱性气体（一般认为，四氮烯爆炸反应后，生成大量的NH_3）。由于它们在性能上的缺点能相互弥补，所得混合物不黏器壁，而便于压药，易于激发，点火能力适宜，分解生成的气体无腐蚀性。所以，目前许多药筒火帽使用这种击发药，以代替雷汞、氯酸钾、硫化锑所组成的击发药。对于不同的药剂功能，配方中所含的四氮烯也略有差异，见表 8.4。

表 8.4　含四氮烯典型针刺药的配方

配方 A	%	配方 B	%
斯蒂芬酸铅	45	斯蒂芬酸铅	35
四氮烯	5	四氮烯	1~2
硝酸钡	25	硝酸钡	50
硫化锑	20	铁、钙、镁合金粉	13~14
铝、镁合金粉	5		

8.4　四唑类起爆药

四唑环是含有 4 个氮原子的五元杂环化合物，氮含量为 80%，其环骨架为平面结构，具有芳香性，是目前能稳定存在的氮含量最高的结构单元之一。多富氮的共轭体系使得四唑类化合物能够发生多种非共价键的相互作用，如与金属离子配位、形成氢键与静电作用等。四唑衍生物如 5 - 氨基四唑、5 - 硝基四唑、1,5 - 二氨基四唑、5,5′ - 偶氮四唑等大都具有含氮量高、正生成焓高、密度大等特点，常作为配体或中间体用于制备四唑类起爆药。

理论上四唑类母体有 3 种异构体，即 1H - 四唑（α）、2H - 四唑（β）、5H - 四唑（γ），结构式如下：

1H-四唑（α）　　2H-四唑（β）　　5H-四唑（γ）

其中主要以1H-四唑（α）和2H-四唑（β）的结构形式存在，α和β的结构是两种互变的异构体，5H-四唑（γ）的能量较高，难以单独存在。经测定，四唑类化合物的环骨架为平面结构，环上5个原子形成了大π键，因此，四唑类化合物结构相对比较稳定，具有方向性。并且，5位C、1位N或2位N上的氢在一定的条件下可以电离出H^+。四唑化合物具有一定的弱酸性，可以被各种基团或金属离子所取代，形成各种四唑类的衍生物。其中5位C上被硝基、氨基、脒基、胍基、肼基等高氮基团取代形成的衍生物在炸药合成中应用最广。四唑类配位化合物由于四唑类配体结构中含有大量C—N、N—N、N=N和C=N化学键，使其具有高能量、高生成焓、高密度等特性，具有钝感和高热稳定性等特点，是各国起爆药领域研究和探索新型起爆药的重要方向，并取得了一定成果。

用密度泛函理论DFT中的B3LYP方法计算了7种取代基（—H、—CN、—N_3、—NH_2、—OH、—CH_3和—NO_2）生成的衍生物的几何结构、电子结构和含能性质。四唑环上各键的键长中，C—N键短于标准C—N单键（0.1470 nm）而长于标准C=N双键（0.1280 nm）；同样，N—N键也短于标准N—N键（0.1450 nm）而长于标准N=N双键（0.1250 nm）。从NBO分析来看，环上C—N键和N—N键的Wiberg键级值均在1.37~1.52 a.u.之间。因此，五元环内各键属于离域键。

8.4.1　5-氨基四唑

5-氨基四唑（5-AT）是四唑类起爆药的重要原材料与含能中间体。分子式为CH_3N_5，相对分子质量为85.06。5-氨基四唑是白色棱柱状或片状结晶体，通常含有一个结晶水。5-AT受热后，分解峰起始温度为202.25℃，峰顶温度为206.55℃。5-AT本身无爆炸性。其在水中溶解度很大，18℃时溶解度为117 g·(100 mL)$^{-1}$，难溶于乙醇、乙酸等有机溶剂，不溶于乙醚。

5-氨基四唑由于其结构中含有多个高能N—N键、C—N键，环张力大，且不含C—NO_2和N—NO_2基团，是一种具有低特征信号、感度低且环保的富氮含能材料。它具有高的正生成焓、良好的热力学稳定性，且燃烧产物多为环境友好的N_2，是一种新型的性能优良的气体发生剂。同时，5-氨基四唑是单取代四唑中结构最简单的化合物，是合成其他四唑衍生物必不可少的原料。

5-AT的制备方法主要有氨基胍重氮环合法、叠氮酸（或叠氮化钠）和氰胺（或二氰二胺）直接合成的Stolleet法及以这两种合成路线为主的各种改进方法。利用双氰胺与叠氮酸反应可以制备得到高收率、高纯度的5-氨基四唑。Stolleet法反应过程简单、时间短、得率高，主要的缺点是需要叠氮酸，而叠氮酸是一种高能炸药，且具有毒性，因此，在合成过程中存在一定的危险性。

利用叠氮化钠和二氰二胺在酸性条件下制备5-氨基四唑的总反应式为：

$$C_2H_4N_4 + 2NaN_3 + 2HNO_3 = 2CH_3N_5（5-氨基四唑）+ 2NaNO_3$$

在水溶液中，叠氮化钠和硝酸反应，生成叠氮酸：

$$NaN_3 + HNO_3 \rightarrow HN_3 + NaNO_3$$

二氰二胺离解为氰胺：

$$H_2NC(NH)NHCN \rightarrow H_2NCH$$

氰胺再进一步与叠氮酸进行关环反应，生成 5 - 氨基四唑：

$$H_2NCH + HN_3 \rightarrow CH_3N_5 \text{（5 - 氨基四唑）}$$

分子结构式如下：

这一反应所采用的温度范围大多为 30 ~ 95 ℃，且温度对反应没有特殊的影响，一般选择在 60 ℃ 进行反应。对酸溶液的选择，大多采用的是无机酸。对比硫酸、盐酸和硝酸，由于硝酸钠更容易溶解，因此选择硝酸。

在反应中，为了避免生成过量的叠氮酸，一方面，采用稀的酸溶液，并控制加酸的速度；另一方面，将二氰二胺稍微过量。

反应步骤：将 132 g（1.57 mol）的二氰二胺、195 g（3.0 mol）的叠氮化钠和 510 mL 的水加入反应器中。当加热到 60 ℃ 时，在搅拌下，滴加配好的 45% 稀硝酸溶液约 420 g（含硝酸 189.0 g，3.0 mol），加料时间约 100 min，总反应时间为 120 min。反应最终的 pH 应控制在 2.5 ~ 5.5。平均产量 255 g（2.47 mol），得率 80.33%。

采用氨基胍异构法，利用水合肼与单肼胺反应后得到氨基胍，不经分离也可直接重氮环合得到 5 - 氨基四唑。

反应步骤：称取水合肼于三口烧瓶中，用酸调节 pH = 7，升温到 50 ℃，称取单氰胺于滴液漏斗中缓慢滴加。滴加完成后，在 50 ℃ 反应 2 h。降到室温，调节 pH = 2。加入相应量的酸，降温至 10 ℃ 左右。用水溶解亚硝酸钠于滴液漏斗中，缓慢滴加，其间温度不得超过 10 ℃。待滴加完成，继续反应 0.5 h。升温到 50 ℃，用不同的碱调节 pH = 8，升温到 85 ℃ 反应 3 h，用酸调节 pH = 5，低温下静置一晚。抽滤干燥，称取产品质量，得到粗产品。熔点为 204 ℃，做纯度分析。

8.4.2　5 - 硝基四唑

5 - 硝基四唑（5 - NT）是最为重要的一种四唑类起爆药的中间体，同时，5 - NT 还是一种很强的负离子配体，是配位类起爆药的重要配体。5 - 硝基四唑为白色片状晶体，晶体密度为 1.77 g·cm^{-3}，熔点为 101 ℃，加热到 186 ~ 187 ℃ 即可发生猛烈爆炸。

四唑结构形成了芳香性环，5 位碳上的氢被硝基取代，增强了酸性，利于 1 位氢被各种基团取代或与金属离子相结合，形成各种四唑类及其金属盐衍生物。根据阳离子的电离电位越高，成盐时生成热越高，就越具有起爆药的爆炸性能规律。选择适当的金属阳离子，可以设计不同感度和性能的四唑类起爆药。

一价金属钾、钠等离子的电子电位低，不具有起爆药特性。大多数重金属，如铅、银、铁、钴、镍、镉、铜等具有很高的电离电位，都表现出起爆药性能。

如果四唑环上的硝基或被—N₃、—N=N—、—NH₂等取代，化合物的生成热、输出威力增加，则表现出具有炸药的性能。

5-NT的氮含量达61%，分解反应产生大量的气体，氧平衡为零（OB=0%）。

$$[CN_5O_2]^- \rightarrow CO_2 + N_2$$

5-NT用作合成中间体或配体时，常常使用其含水的钠盐（5-NaNT）。5-NaNT的合成反应式如下：

$$\text{HN}\underset{N=N}{\overset{N-N}{\bigcirc}}\text{NH}_2 \xrightarrow[\text{CuSO}_4, \text{H}_2\text{O}]{\text{HNO}_3, \text{NaNO}_2} \text{H}^+ \left[\text{Cu}\left(\underset{N=N}{\overset{N-N}{\bigcirc}}\text{NO}_3\right)_3\right] \xrightarrow[\text{H}_2\text{O}]{\text{NaOH}} \text{Na}\left(\underset{N=N}{\overset{N-N}{\bigcirc}}\text{NO}_3\right) + \text{CuO}$$

5-硝基四唑钠盐（5-NaNT）的合成是在有亚硝酸铜的存在下，通过5-AT的重氮化作用，以酸式铜盐的形式制成的。然后5-NT的酸式铜盐与氢氧化钠反应生成5-NaNT。由于5-NaNT水溶性极大，且熔点很低，反应产物难以从水溶剂中取出，因而将5-NaNT从水中分离是反应的关键。

有研究表明，5-NT的酸式铜盐与乙二胺（en）、硫酸铜反应，生成5-硝基四唑二乙二胺合铜[Cu(en)₂NT₂]，该化合物比5-NaNT安定，是合成5-硝基四唑汞盐、银盐的重金属盐起爆药的有价值的中间体。

5-NaNT的试验操作步骤：

配制A溶液：亚硝酸钠104.0 g，加五水合硫酸铜55.0 g，加入300 mL的H_2O；配制B溶液：5-氨基四唑51.5 g，加2 g的五水合硫酸铜，加64 mL的68%的HNO_3，加700 mL的H_2O；配制C溶液：70 mL的68%的HNO_3，加30 mL的H_2O；配制D溶液：50% NaOH约26 mL。

将A冷却到5 ℃，滴入B，反应温度为（15±3）℃；加料时间为1.5 h，加完后，继续低温搅拌15 min，滴入C，搅拌30 min后过滤，用10%的硝酸洗，再水洗，沉淀物加水稀释到600 mL，滴入D，调节pH为9~10，70 ℃水浴恒温0.5 h，过滤去渣，母液用稀硝酸调节pH为4，低温（<65 ℃）蒸发，母液余量为100~150 mL，冷却得NaNT产品。过滤，自然晾干，产量在80 g左右，产率为70%~90%。

5-硝基四唑钠为白色晶体，密度1.71 g·cm⁻³。通常通过水溶剂重结晶制得的5-硝基四唑钠含有2~5个结晶水，在丙酮中重结晶制得的含有2个结晶水。5-硝基四唑钠和叠氮化钠一样不能作为起爆药使用，通常作为含能中间体使用，可以合成其他5-硝基四唑盐，如性能优越的5-硝基四唑亚铜起爆药。5-硝基四唑钠易溶于水、乙醇、丙酮及其他一些有机溶剂，实验应尽量回收利用母液。

根据5-硝基四唑钠$Na(N_4CNO_2) \cdot 2H_2O$计算得：$w(C)=6.94\%$，$w(H)=2.33\%$，$w(N)=40.47\%$，分析结果：$w(C)=7.25\%$；$w(H)=2.48\%$；$w(N)=41.06\%$。对脱水后样品$Na(N_4CNO_2)$进行计算，得$w(N)=16.77\%$，分析结果：$w(Na)=16.78\%$。

5-NaNT外观为白色晶体，进行DSC试验，在10 ℃·min⁻¹下的吸热峰为75~76 ℃（2个结晶水的脱水），放热峰为246~247 ℃（分解）。

8.4.3 5-肼基四唑

5-肼基四唑（5-HT）与5-NT相比，是将硝基N—O键改为N—N键。其中N—N键能为 159 kJ·mol^{-1}；N—O 键能为 230 kJ·mol^{-1}。N—N 比 N—O 键弱，肼基四唑具有更高的热焓。

5-肼基四唑中氮的质量分数高达 84%，四唑环为平面结构，肼基不与环共面。但肼基四唑中 N—N 键长为 0.129 0~0.138 9 nm，N—C 键长为 0.131 2~0.144 0 nm（孤立 N—N 单、双键键长分别为 0.144 9 nm 和 0.125 2 nm，N—C 单、双键键长分别为 0.147 1 nm 和 0.127 3 nm），介于孤立的 N—N 和 N—C 单、双键之间，具有芳香性。5-肼基四唑的许多盐具有起爆药的敏感性和爆炸性能。

合成 5-肼基四唑通常可采用两种途径：① 用氯化亚锡和盐酸还原 5,5′-重氮氨基四唑；② 直接用盐酸酸化 5,5′-偶氮四唑钠。通过这两种途径得到的 5-肼基四唑，需要适量氢氧化钠中和，然后作为中间体，直接用于下一步反应。

改进的 5-肼四唑的合成分为两步：首先合成 5,5′-偶氮四唑钠盐。反应式如下：

$$2N_4CH_2NH + 4KMnO_4 + 2NaOH \longrightarrow Na{-}N_4C{-}N{=}N{-}CN_4{-}Na + 4KOH + 4MnO_2 + 2H_2O + O_2\uparrow$$

在圆底烧瓶中，将 51 g 5-氨基四唑溶于加热到 100 ℃的 500 mL 15% 的氢氧化钠溶液中，一边搅拌，一边慢慢加入 70 g 磨成粉状的高锰酸钾进行氧化，此时由于氧化反应放热而使液体出现沸腾，5-氨基四唑用高锰酸钾氧化后即生成 5,5′-偶氮四唑。这种产品由于不安定，故一般要在过量的氢氧化钠存在下制成 5,5′-偶氮四唑钠。溶液沸腾过后，氧化结束，就加入少量乙醇，以还原未参加反应的高锰酸钾，趁热迅速滤去二氧化锰残渣，用热水洗涤残渣，收集全部滤液进行蒸发，得到 60~65 g 的黄色棱柱状的偶氮四唑二钠盐晶体。

5,5′-偶氮四唑二钠能溶于热水，这种产品受撞击或加热均能发生强烈爆炸，起爆温度 245~250 ℃。

以偶氮四唑钠为原料，经两步合成目标化合物 5-肼基四唑。第一步酸化过程中，控制酸化用 HCl 浓度和反应液偶氮四唑钠溶液浓度是反应的关键所在，HCl 溶液的质量分数应为 10%~15%，偶氮四唑钠溶液的质量分数应为 10% 左右。第二步提纯过程中，重结晶用乙酸钠水溶液的浓度和用量是提纯过程的关键因素。反应式如下：

$$Na{-}N_4C{-}N{=}N{-}CN_4{-}Na \xrightarrow[\text{酸化}]{HCl} \underset{\text{NH}}{N_4C}{-}NH{-}NH_2 \cdot HCl \xrightarrow[\text{重结晶}]{NaAc} \underset{\text{NH}}{N_4C}{-}NH{-}NH_2$$

将 10.0 g 偶氮四唑二钠溶于 100 mL 水中，向黄色悬浮液中慢慢加入质量分数为 15% 的盐酸 25 mL，这时有气泡生成。在水浴中加热，待大量气泡释放后，停止搅拌，保温至无气体逸出为止，溶液由黄色逐渐变为无色。

5-肼基四唑的提纯过程是将无色溶液转入旋转蒸发器中，减压蒸发，然后再向蒸发瓶中加水，反复蒸发多次，去除酸化过程中溶液的 HCl，得到白色固体。将白色固体用少量热水加热溶解，加入事先用 10 mL 水和 10 g 乙酸钠配成的热溶液，搅拌均匀，冰冷至 5 ℃，有白色固体析出，母液为玫瑰红色。过滤，用无水乙醇洗涤，干燥，得到白色或淡黄色的菱状晶体。重结晶用乙酸钠水溶液的浓度和用量是提纯过程的关键因素。熔点为 196.9 ~ 198.9 ℃，产率为 55% ~ 60%。元素分析（CH_4N_6,%）：实测值，N83.51，C12.13，H3.83；计算值，N83.97，C12.00，H4.03。

8.4.4　1,5－二氨基四唑（1,5－DAT）

1,5－二氨基四唑（1,5－DAT）与 5－肼基四唑含氮量相同，达到 84%，属于同分异构体，是氨基四唑类含氮量最高的化合物。1,5－DAT 是一种中性分子的配体，配位能力很强，可作为中性分子配体与多种中心离子形成配合物。DAT 分子中每个 N 原子上都有一对孤对电子，分子中的每一个 N 原子都有可能成为配位原子，是一种以 N 原子为配位原子的多齿配体，芳香特性使得它的热稳定性较好。1,5－二氨基四唑具有较高的含氮量、正生成焓，分解产物以氮气为主，对环境污染小。

1,5－DAT 为白色晶体，熔点 186 ~ 187 ℃。易溶于热水和乙醇溶液，微溶于冷水和无水乙醇，难溶于四氢呋喃、乙酸、二氯甲烷和醚类有机溶剂。1,5－DTA 的合成方法报道较多。

1969 年，Raap 以 5－氨基四唑的钠盐为母体，与羟胺氧磺酸反应得到了 1,5－二氨基四唑和 2,5－二氨基四唑的混合物，得率只有 8.5%。反应式如下：

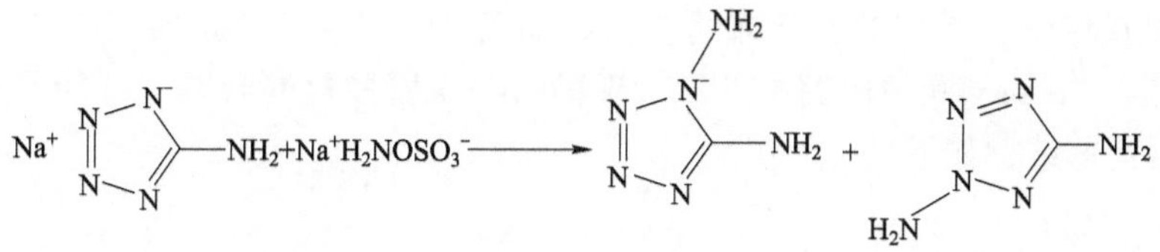

1984 年，Gaponik 等人将氨基硫脲和氧化铅、叠氮化钠在 CO_2 气氛中，以乙醇为溶剂的条件下反应，将氨基硫脲转化为碳二酰亚胺中间体，再与反应过程中产生的 HN_3 闭环生成 DAT，得率达到 59%。但不幸的是，这一反应生成大量的叠氮化铅副产物，使得工业化的规模生产难以实现。反应式如下：

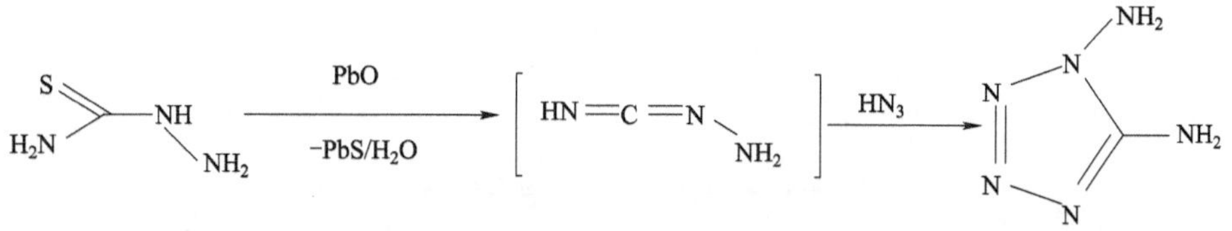

针对上述合成方法在反应过程中易生成叠氮化铅的副产物等问题，Pavel 等人对 Gaponik 等人早期报道的方法进行了改进，以叠氮三甲基硅烷为叠氮化试剂。这种方法可以使 DAT 的产率由 59% 提高到 79%。但是，用这种方法合成 DAT 的过程中会产生剧毒、易爆炸的 HN_3 气体，这是其工业化应用需慎重解决的难题。

2005 年，Juan 提出了一种不用 PbO 合成 1,5－DTA 的新方法：以二氨基胍盐酸盐为原料，与亚硝酸钠、浓盐酸在低温条件下重氮化制备 1,5 – DTA，用固体碳酸钠调节反应的 pH，产物用热乙醇提取重结晶，得率达到 58%。反应式如下：

$$\underset{H_2N^+}{\underset{|}{\overset{NH_2}{\overset{|}{C}}}}\underset{NH_2}{\overset{HN-NH_2}{\underset{|}{N}}} \xrightarrow{NaNO_2 \atop HCl} \left[\underset{H_2N}{\overset{N_3}{\overset{|}{C}}}\underset{NH_2}{\overset{NH}{\underset{|}{N}}} \right]^+ Cl^- \xrightarrow{Na_2CO_3} \text{1,5-DAT}$$

二氨基胍盐酸盐（1.507 g，12 mmol）溶于 20 mL 水和 0.5 mL 的浓盐酸（37%）中，该溶液被冷却到 0 ℃（有固体沉淀），温度保持在 0～2 ℃。将亚硝酸钠（830 mg，12 mmol）溶于 5 mL 水中，并将所得溶液慢慢加入，得到的反应液在冰水中保持 30 min。然后，用碳酸钠固体调节 pH 到 8，在 40 ℃下继续搅拌 20 min，随后，用水吸气式真空泵，在纯氮的气氛中将溶液浓缩、干燥。残留物用热乙醇（3～15 mL）萃取，蒸发，然后用水重结晶，得到纯 1,5 – 二氨基四唑（700 mg，7 mmol，58%）。M.P.：185～187 ℃。CH_4N_6（100.08）计算值：C：12.0%，H：4.0%，N：84.0%；试验测试：C：12.1%，H：3.9%，N：83.7%。

臧艳等人进一步研究和优化了以二氨基胍盐酸盐为原料制备 DAT 的方法和工艺，对制备 DAT 过程中影响其产率的温度、反应时间、pH、反应物浓度等因素进行了优化。所得结果表明：保持 $NaNO_2$ 与 $CH_7N_5 \cdot HCl$ 的摩尔数比为 1:1，重氮化反应温度为 0 ℃不变的条件下，重点控制成环反应温度和时间，可使 DAT 在反应液中的产率达到 93.5%。

1,5 – 二氨基四唑（1,5 – DAT）的 4 位氢原子容易被质子化，形成 $[DAT]H^+$，它可以与阴离子直接结合，形成盐类起爆药。Juan 研究了 1,5 – 二氨基四唑的硝酸盐和高氯酸盐两种起爆药。Gregory 专门研究 1,5 – 二氨基四唑高氯酸盐的合成、性能及其理论。

两种起爆药的结构如下：

$$X^- = NO_3^- \\ X^- = ClO_4^-$$

合成反应式为：

$$\text{(四唑)} + HClO_4 \longrightarrow \text{(质子化四唑)}^+ ClO_4^-$$

两种起爆药的主要性能见表 8.5。

表 8.5 DTA 盐类起爆药的性能

样品	撞击感度/J	摩擦感度/N	爆轰压力/GPa	爆轰速度/(m·s^{-1})
1,5 – 二氨基四唑硝酸盐	9	192	33.3	8 744
1,5 – 二氨基四唑高氯酸盐	7	60	32.3	8 383

综上所述，以二氨基胍盐酸盐为原料制备 DAT，通过控制反应条件，可以获得较高的产率，并且合成过程中不会产生大量的有毒危险气体，这种方法具有工业应用价值。DAT 盐类和配合物具有良好的爆炸性能，在高能量密度含能材料研究中将会有很大的发展潜力。

8.4.5　5-硝基四唑汞

5-硝基四唑是四唑的硝基衍生物，是四唑环5位碳原子的氢被硝基取代形成的一种含能化合物。5-硝基四唑金属盐是一类具有发展潜力的起爆药。一般认为，5-硝基四唑衍生物的感度与5位上取代基的吸电子能力有关，即取代基的吸电子能力越强，对应四唑衍生物的感度越大。在不同取代基衍生物中，5-硝基四唑是其中能量最高的一种。对于5-硝基四唑盐类物质，阳离子电离电位越高，成盐时的生成热越大，越具有成为起爆药的潜力。因此，选用合适的阳离子，可以获得不同感度和性能的起爆药。硝基四唑的金属盐主要有汞盐、银盐、酸式铜盐等，以5-硝基四唑汞最为常见。该类化合物具有较高的起爆能力与热稳定性，其优越的性能使其在一定程度上能替代传统的起爆药，如雷汞、叠氮化铅等。本节主要介绍5-硝基四唑汞。

（1）理化性质

5-硝基四唑汞，$Hg(NT)_2$，分子式为 $HgC_2N_{10}O_4$，相对分子质量为 428.61，分子结构式如下：

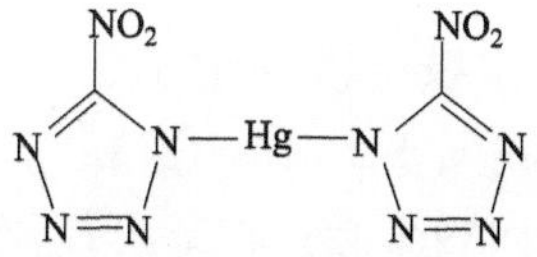

工业品 5-硝基四唑汞为白色到浅红色聚晶，其晶体外形为淡棕色苯环菱形透明结晶，表观密度为 $1.3\sim1.6\ \text{g}\cdot\text{cm}^{-3}$，晶体密度为 $3.32\ \text{g}\cdot\text{cm}^{-3}$，属于正交晶系，在水中的溶解度为 $0.066\ 2\ \text{g}\cdot(100\ \text{mL})^{-1}$（30 ℃），在无水乙醇中的溶解度为 $0.002\ 2\ \text{g}\cdot(100\ \text{mL})^{-1}$（30 ℃）。初始分解温度为190 ℃，在分解前没有熔化现象，峰值温度为 239.5 ℃，分解终止温度 259.5 ℃，分解后残渣为红棕色固体粉末。

由 Kissinger 法和 Ozawa 法求得 $Hg(NT)_2$ 的动力学参数，见表8.6。

表8.6　用 Kissinger 法和 Ozawa 法求得 5-硝基四唑汞的动力学参数

计算方法	$E_a/(\text{kJ}\cdot\text{mol}^{-1})$	$\lg A/\text{s}^{-1}$	r
Kissinger 法	143.01	12.4	0.999
Ozawa 法	143.03	—	0.997

用真空安定性试验（VST）测定 $Hg(NT)_2$ 在标准状况下分解气体体积 $V_s=0.04\ \text{mL}\cdot\text{g}^{-1}$（100 ℃，48 h），低于糊精叠氮化铅（$V_s=2.16\ \text{mL}\cdot\text{g}^{-1}$）和羧甲基纤维素叠氮化铅（$V_s=0.79\ \text{mL}\cdot\text{g}^{-1}$）。具有良好的热安定性。5-硝基四唑汞与四氮烯、RDX、HMX 等炸药具有良好的相容性。但在 $Hg(NT)_2$ 与四氮烯的混合体系，前者可以加速后者的

分解，而分解产物与前者存在反应性，当体系中四氮烯的比例增大时，相互作用程度越高。5-硝基四唑汞与铁、铜、镍铜等金属有良好的相容性，但与铝或镁铝合金不相容，存在反应性。

5-硝基四唑汞的 5 s 爆发点为 248 ℃，爆热 $Q = 3\,070.2\ \mathrm{J\cdot g^{-1}}$；爆速 $v_D = 6\,170 \sim 6\,490\ \mathrm{m\cdot s^{-1}}$（密度 $2.84 \sim 2.96\ \mathrm{g\cdot cm^{-3}}$），高于羧甲基纤维素叠氮化铅。5-硝基四唑汞对 120 mg RDX 的极限起爆药量为 12 mg，而同样条件下，羧甲基纤维素叠氮化铅为 22 mg，糊精叠氮化铅为 40 mg，说明 5-硝基四唑汞的起爆能力优于糊精叠氮化铅和羧甲基纤维素叠氮化铅。

5-硝基四唑汞的撞击感度为 50% 发火落高 9.1 cm（400 g 落锤）；摩擦感度为 50%；发火百分率（0.64 MPa，50°）为 78%。美国海军机械试验室（NOL）12 型工具落锤仪测得的 50% 发火落高为 11.0 cm（2.5 kg 落锤，有砂纸）和 55 cm（无砂纸）。5-硝基四唑汞的机械感度均高于叠氮化铅。

5-硝基四唑汞的针刺感度为 50% 发火落高 6.93 cm（52 g 落锤），对应发火能量为 360 g·cm，敏感于叠氮化铅。火焰感度 50% 发火率为 19.5 cm，稍敏感于叠氮化铅。

综合上述数据，5-硝基四唑汞具有优良的起爆能力，爆速高于一般起爆药，热安定性好，吸湿性小。针刺与火焰感度较高，某些爆炸性能优于叠氮化铅。其缺点是与铝不相容。它是有希望代替叠氮化铅的一种起爆药，可以应用于针刺雷管、火焰雷管。目前，5-硝基四唑汞还没有得到广泛的应用，并且由于含有汞，使其应用更受限制。

(2) 合成原理

1932 年，高能材料学家冯·赫尔兹首次报道了 5-硝基四唑汞的制备，1976 年解决了关键技术问题，开始工业化生产，我国于 1981 年成功制得。5-硝基四唑汞是由 5-氨基四唑经过重氮化、硝化、乙二胺络合和酸解后，在晶形控制剂的作用下，与硝酸汞反应制得的一种性能优良的起爆药。合成过程中，在进行 5-氨基四唑重氮化时，加入少量硫酸铜，避免了意外爆炸事故的发生；加入少量硝酸钠，改善酸式铜盐胶状沉淀难以过滤的现象；用双-5-硝基四唑乙二胺络铜纯化 5-硝基四唑，提高产率。

反应式如下：

5-氨基四唑的硝化、重氮化及和乙二胺的络合反应：

$$\underset{\text{NH}_2}{\underset{\underset{N=N}{\overset{N}{\parallel}}}{\overset{N}{\underset{\parallel}{\bigvee}}}}\!\!\!\!\!\!\!\!\text{N}\!\!-\!\!\text{H} \xrightarrow[\text{CuSO}_4,\text{H}_2\text{O}]{\text{HNO}_3,\text{NaNO}_2} H\!\left[\text{Cu}\!\left(\underset{\underset{N=N}{\overset{\text{NO}_2}{\overset{N}{\parallel}}}}{\overset{N}{\bigvee}}\right)_3\right] \xrightarrow[\text{CuSO}_4,\text{H}_2\text{O}]{6\text{C}_2\text{H}_4\text{N}_2\text{H}_4} \text{Cu}\!\left(\underset{\underset{N=N}{\overset{\text{NO}_2}{\overset{N}{\parallel}}}}{\overset{N}{\bigvee}}\right)_2 (\text{C}_2\text{H}_4\text{N}_2\text{H}_4)_2$$

5-硝基四唑铜乙二胺络合物的酸化和生成 5-硝基四唑汞的反应（可加入晶形控制剂）：

$$\text{Cu}\!\left(\underset{\underset{N=N}{\overset{\text{NO}_2}{\overset{N}{\parallel}}}}{\overset{N}{\bigvee}}\right)_2 (\text{C}_2\text{H}_4\text{N}_2\text{H}_4)_2 \xrightarrow{\text{HNO}_3} \text{Cu}\!\left(\underset{\underset{N=N}{\overset{\text{NO}_2}{\overset{N}{\parallel}}}}{\overset{N}{\bigvee}}\right)_2 \xrightarrow{\text{Hg(NO}_3)_2} \text{Hg}\!\left(\underset{\underset{N=N}{\overset{\text{NO}_2}{\overset{N}{\parallel}}}}{\overset{N}{\bigvee}}\right)_2$$

我国在 20 世纪 70 年代后期完成了 5-硝基四唑汞的合成与性能研究。合成中筛选出理想的晶形控制剂，制得纯度高、表观密度大、流散性好、质量和性能稳定的产品。在有晶形控制剂的条件下，可以获得结晶性状接近球形的聚晶体；在不加晶形控制剂的条件下，可以获得淡棕色长方形薄片状晶体。

(3) 合成方法与工艺

1) 5-硝基四唑铜乙二胺络合物的制备工艺

料液配制：A液配制：125 g亚硝酸钠和66 g五水合硫酸铜溶于360 mL水中；B液配制：62 g 5-氨基四唑、2.4 g五水合硫酸铜、80 mL 65%~68%浓硝酸溶于840 mL水中；C液配制：84 mL 65%~68%浓硝酸溶于36 mL水中；D液配制：25.2 g硫酸铜溶于96 mL水中；E液配制：乙二胺56 mL。

制备工艺过程：将A液置于装有冰水浴反应器中，在激烈搅拌下滴加B液，反应温度不超过18 ℃，待B液加完后，继续搅拌15 min，然后滴加溶液C，再继续搅拌30 min，出料。先用250 mL稀硝酸洗1次，再用蒸馏水洗3次，抽滤。将滤饼移入反应器中，补加720 mL蒸馏水，加热，使母液保持75~80 ℃，搅拌下依次加入D液和E液，使滤饼完全溶解，然后置于冰水浴中冷却，静置45 min，将生成的络合盐过滤，自然烘干。

2) 5-硝基四唑汞的制备工艺

在夹套式翻转反应器中加入1 100 mL蒸馏水和100 g 5-硝基四唑铜乙二胺络合物，然后将溶液加热至75~80 ℃，并以130~160 r·min^{-1}搅拌5 min，再于10~20 min内滴加26%~28%硝酸溶液235 mL。加入适当的晶形控制剂（如三硝基间苯二酚、聚乙二醇等）。加快搅拌速度，于20~30 min内滴加350 mL 20%硝酸汞溶液，继续搅拌5 min，使母液降温至55 ℃，停止搅拌，翻转化合物，出料，水洗，抽滤，烘干，即得产品。

8.4.6 高氯酸氨基四唑二银

(1) 理化性质

高氯酸氨基四唑二银，简称DATP。分子式为$CH_2O_4N_5Ag_2Cl$，相对分子质量为399.25。DATP的分子结构式为：

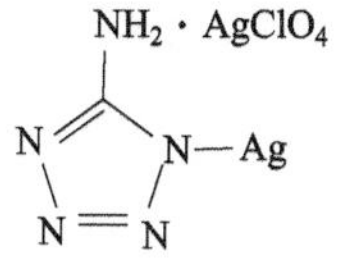

高氯酸氨基四唑二银的外观为流散性白色颗粒，呈六方形或长方形透明晶体。DATP是白色颗粒结晶，属于单斜晶系；晶体密度为3.44~3.49 g·cm^{-3}。在水中的溶解度（20 ℃）为0.029 g·(100 mL)$^{-1}$，在乙醇中的溶解度为0.001 2 g·(100 mL)$^{-1}$，在丙酮中的溶解度为0.000 8 g·(100 mL)$^{-1}$，在异丙醇中的溶解度为0.001 0 g·(100 mL)$^{-1}$。DATP不溶于甲苯、苯胺、无水乙醇、乙酸乙酯、四氯化碳等溶剂，溶于乙二胺，在苯、氯仿中分解。

在5 ℃·min^{-1}的升温速度条件下，测试TG曲线，发现在328~331 ℃范围内存在着分解的现象。在250 ℃下保温2 h，样品成分无变化。DATP在不同温度下的失重见表8.7。

表 8.7　DATP 在高温下的失重

温度/℃	不同时间下的失重/%					备注
	1 h	2 h	3 h	4 h	5 h	
250	—	—	0.18	0.20	0.37	高温后样品威力不变
260	0.30	0.37	0.39	—	—	
270	0.19	0.46	1.30	—	—	

在 30 ℃，湿度分别为 71%、9% 的条件下存放 72 h 时，吸湿量为 0.16%、0.19%；在 75 ℃ 条件下加热 48 h 时，失重为 0.05%，表明 DATP 安定性较好。在 100 ℃ 条件进行真空安定性试验，放气量为 0.46 mL·g^{-1}。

采用 DSC 法测定 DATP 与金属和药剂的相容性为：DATP 与铝、不锈钢、铂铱、钨、黑索金、六硝基芪、六硝基二苯胺钾相容，与黄铜、紫铜、镍铬、德国银不相容。

75 ℃ 热安定性（48 h）：失重 0.05%（CMC - PbN$_6$ 的为 0.118%），比叠氮化铅热安定性好；吸湿性：30 ℃ 下，湿度 75%、90% 时，吸湿量分别为 0.16%、0.19%（72 h）。

（2）爆炸性能参数

DATP 的 5 s 爆发点为 374 ℃。对 RDX，极限起爆药量为 120 mg，爆速 4 217 m·s^{-1}（ρ = 2.57 g·cm^{-3}）、4 518 m·s^{-1}（ρ = 2.75 g·cm^{-3}）、4 865 m·s^{-1}（ρ = 2.85 g·cm^{-3}）。撞击感度为 50%，发火落高为 48 cm；摩擦感度：摆角 90°；发火率 6%（表压 294.20 kPa）、32%（表压 49.33 kPa）、60%（表压 980.67 kPa）；火焰感度：50% 发火率，火焰高度 24.0 cm。

高氯酸二银氨基四唑盐是一种耐热起爆药，易于被灼热桥丝或其他形式的能源起爆。DATP 产品假密度大，流散性好，起爆感度适宜，安定性好，尤其是具有良好的耐热环境。它与耐热炸药一起装于雷管后，经得起各种环境试验考验，发火性能良好。缺点是 DATP 起爆能力较弱，因而需要根据情况适当增加装药量。

DATP 主要用于起爆 TNT、六硝基芪、二氨基六硝基联苯等高温炸药。民爆中主要用于石油深井射孔弹。

（3）合成原理与工艺

DATP 合成原理如下：

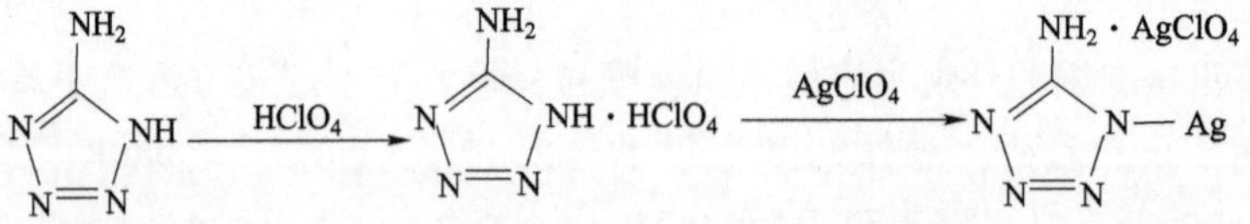

合成步骤为：8.2 g 的 5 - 氨基四唑溶于 184 mL 70% 高氯酸中，经搅拌后，加入 16.6 g 高氯酸银和 32 mL 蒸馏水的水溶液中。混合液澄清后，继续搅拌 0.5 h，然后加入 380 mL 蒸馏水，再继续搅拌 0.5 h。固体产物经过过滤，用水、异丙醇洗涤，干燥。DATP 产品使用前，应在 150 ℃ 烘干 5 h。

DATP 是在反应液中用水稀释的过程中沉淀出来的。由于 DATP 溶于高氯酸，加水可降低 DATP 在反应液中的溶解度。但加水速度过快，会使晶体没有足够的生长时间而生成细针或者粉末，表观密度小，流散性差；加水速度过慢，产品易水解，从而合成周期长。因此，合成中需要适当控制加水速度。反应温度对产品的产率与质量有很大影响。反应温度高，产率降低，但 DATP 吸湿量也减少。根据工艺优化条件的试验，反应温度选择 50 ℃为宜。

具有高能量、高稳定性和环境友好等特点的一类化合物是新型火工药剂领域的重要发展方向，部分新型氮杂环和全能含能化合物有着较优的理化性能或爆炸性能，它们或是它们的衍生物成为当前合成新型火工药剂的研究主题之一。从含有两个氮原子的杂环含能化合物，如吡唑、呋咱和吡嗪，到含有三个氮原子的杂环含能化合物，如三唑和三嗪；再到含有四个氮原子的杂环含能化合物，如四唑和四嗪；以及 N_3^-、N_5^+ 和 N_5^- 等全氮离子。研究者们试图以这些杂环化合物为母体，充分发挥其多氮的优势，合成出多品种高性能的火工药剂。

参 考 文 献

[1] 陈太林,曾纯玲. 硝酸肼镍废水的处理和回收利用[J]. 水污染及处理,2015,3(4):89-93.

[2] 陈太林. 硝酸肼镍制备工艺研究[J]. 火工品,1998,4(12):35-36.

[3] 段宝福,宋锦泉,汪旭光. 炸药燃烧转爆轰(DDT)研究现状[J]. 有色金属(矿山部分),2003,55(1):31-35.

[4] 丁厚远,商少明,秦高敏,等. 亚微米级四方相钛酸钡低温固相法制备及晶型控制[J]. 无机化学学报,2018,34(08):1483-1488.

[5] 傅若农. 气相色谱和热分析技术[M]. 北京:国防工业出版社,1989.

[6] 高东升. 激光与含能材料相互作用机理研究[D]. 南京:南京理工大学,2006.

[7] 胡丽爱,劳允亮,孙艳峰. 相容性判据与动力学参数研究[J]. 火工品,1995(1):25-29.

[8] 黄清华. 四嗪及其衍生物的合成[D]. 南京:南京理工大学,2010.

[9] 江玉波,匡春香,韩春美,等. 有机叠氮化合物的合成研究进展[J]. 有机化学,2012,32(12):2231-2238.

[10] 江俊儒. 几种典型有机叠氮化物的高压研究[D]. 长春:吉林大学,2017.

[11] 劳允亮. 火工药剂的现状与发展[J]. 火工品,1995(4):25-29.

[12] 劳允亮,盛涤伦. 火工药剂学[M]. 北京:北京理工大学出版社,2011.

[13] 罗义芬,葛忠学,王伯周,等. 二硝基吡唑并吡唑(DNPP)合成工艺研究[J]. 含能材料,2007,15(3):205-208.

[14] 罗岚,王敏,刘亮. 硝酸胍型产气药热分解动力学研究[J]. 当代化工,2014(7):1185-1186.

[15] 李静,姚朴,侯毓俤,等. 火工品药剂相容性问题的探讨[J]. 火工品,2001(2):45-48.

[16] 梁鸿书,安填. 用扫描电镜判断火工药剂与金属桥丝长期接触的相容性[J]. 火工品,1998(2):16-19.

[17] 李雪飞. 激光与含能材料相互作用的实验研究和数值模拟[D]. 南京:南京理工大学,2005.

[18] 李联盟,杨爱民,张同来,等. GTG型火雷管技术研究[J]. 爆破器材,2004(04):16-20.

[19] 李坤. 两种5-硝基四唑类含能配合物的制备与表征[D]. 南京:南京理工大学,2014.

[20] 欧育湘,刘进全. 高能量密度化合物[M]. 北京:国防工业出版社,2005.

[21] 欧育湘,刘进全,孟征,等. 六硝基六氮杂异伍兹烷转晶工艺最新研究进展[J]. 含能材料,2005,13(2):124-127.

[22] 齐书元,李志敏,张同来. 含能配合物$[Zn(CHZ)_3](ClO_4)_2$的晶体结构、热行为及感度性能研究[J]. 化学学报,2011,69(8):138-143.

[23] 任晓雪,柏席峰,彭翠枝,等. 国外新型火工药剂安全技术研究进展[J]. 爆破器材,2013(5):43-47.

[24] 任晓雪,彭翠枝. 国外起爆药技术发展研究[J]. 飞航导弹,2011(05):90-95.

[25] 任志奇,于天义,许碧英. 新起爆药4,6-二硝基苯并氧化呋咱钾的制备及其应用研究[J]. 含能材料,1995,(04):7-13.

[26] 孙远华,张同来,张建国,等. 高氯酸三碳酰肼合锌([Zn(CHZ)$_3$](ClO$_4$)$_2$)的T-Jump/FTIR快速热分解研究[J]. 火工品,2005(3):18-21.

[27] 盛涤伦. 火工药剂特征感度基本概念[J]. 火工品,2008(2):50.

[28] 舒远杰,李华荣,高晓敏,等. 一类重要含能材料:5-硝基四唑含能金属配合物[J]. 含能材料,2011,19(05):588-596.

[29] 盛涤伦,马凤娥,张裕峰,等. 高氯酸·四氨·双(5-硝基四唑)合钴(Ⅲ)(BNCP)的晶体结构[J]. 含能材料,2007(05):511-514.

[30] 盛涤伦. 高氯酸五氨·[2-(5-氰基四唑酸根)]合钴(M)的制备[J]. 火工品,1991(4):1-6.

[31] 盛涤伦,马凤娥,孙飞龙,等. BNCP起爆药的合成及其主要性能[J]. 含能材料,2000,8(3):100-103.

[32] 盛涤伦,朱雅红,蒲彦利. 新一代起爆药设计与合成研究进展[J]. 含能材料,2012,20(3):263-27.

[33] 田淑文. 工业雷管起爆药发展方向——球形叠氮化铅[J]. 国防技术基础,2008(11):53-54.

[34] 吴幼成,朱顺官,宋敬埔. 两种在工业雷管中有应用前景的起爆药剂[J]. 爆破器材,1996(2):18-21.

[35] 韦爱勇. 单质与混合火工药剂[M]. 哈尔滨:哈尔滨工程大学出版社,2014.

[36] 王锦明,吕巧莉. 钝感药剂CP的性能及评价[J]. 火工品,1994(02):18-21.

[37] 王猛. 不同粒度和形貌纳米VO$_2$(M)和V$_2$O$_3$的制备及晶型转变热力学的研究[D]. 太原:太原理工大学,2018.

[38] 王燕兰,张方,张蕾,等. 两种不同结构纳米叠氮化铜的含能特性研究[J]. 火工品,2018(01):32-35.

[39] 徐莉,杜云峰,黄茶香,等. 摆式摩擦感度仪的改进[J]. 测试技术学报,2011,25(4):317-321.

[40] 杨吉明. 一种取代雷酸银的新型药剂——四氮烯[J]. 花炮科技与市场,2009(03):28-29.

[41] 杨静,陈明洋,许史杰,龚俊波. 无机盐晶体形貌调控研究进展[J]. 无机盐工业,2018,50(08):11-15.

[42] 杨轶. 起爆药结晶过程中晶型控制剂的选择与使用[J]. 山东化工,2011,40(5):80-82.

[43] 佘宗莲. 废水中硝基酚类化合物生物降解研究[J]. 环境学报,2007,1(7):1-9.

[44] 张志刚,张建国,张同来,等. 新型起爆药GTX的制备工艺与性能研究[J]. 含能材料,2001,9(2):49-52.

[45] 张同来,胡晓春,杨利,等. 动态真空安定性试验方法研究(Ⅰ)[J]. 含能材料,2009,17(5):549-553.

[46] 周铭锐,李志敏,张同来,等. 火工药剂静电积累量的测试[J]. 含能材料,2013,21(2):

244 – 248.

[47] 张建国,张同来,魏昭荣. 起爆药结构与感度关系及新型起爆药的发展方向[J]. 爆破器材,2001,30(3):10 – 15.

[48] 张同来,魏昭荣,吕春华. GTG 起爆药性能研究[J]. 爆破器材,1999,28(3):16 – 19.

[49] 张同来,武碧栋,杨利. 含能配合物研究新进展[J]. 含能材料,2013,21(2):137 – 151.

[50] 张建国,张同来,魏昭荣. 起爆药结构与感度关系及新型起爆药的发展方向[J]. 爆破器材,2001(03):10 – 15.

[51] 朱雅红,盛涤伦,陈利魁,马凤娥. 含能中间体 5 – 肼基四唑的合成及表征[J]. 火炸药学报,2008,31(06):39 – 41.

[52] 张建国,张同来,杨利. 起爆药的结晶控制技术与单晶培养[J]. 火工品,2001(1):50 – 54.

[53] 张建国,张同来. 三硝基间苯二酚铅发展概况[J]. 火工品,1999(02):34 – 39.

[54] 张英豪,曹文俊,田淑文. 几种起爆药的性能与应用探讨[J]. 火工品,2008(3):23 – 25.

[55] 张耀天. DDNP 废水处理方法研究综述[J]. 黑龙江科技信息,2016(02):110.

[56] Cook M A, Pack D H, Gey W A. Deflagration to detonation transition[J]. Symposium on Combustion,1958,7(1):820 – 836.

[57] Cirulis A, Straumanis M. The complex bonds of copper(Ⅱ) azides,Ⅱ non – electrolytes with organic bases[J]. Journal Fur Praktische Chemie – Leipzig,1943(162):307 – 328.

[58] Deng Cheng L,Zong Wei Y,Yu Cun L,et al. Manufacturing Technology for Spherical DDNP [J]. Chinese Journal of Energetic Materials,2009,17(5):619 – 624.

[59] Fronabarger J W,Sanbern W B,Massiss Tom. Recent activities in the development of the explosive – BNCP[C]. Twenty – Second International Pyrotechnics Seminar,Fort Collins Colorado,1996,15 – 19.

[60] Fronabarger J W,Williams M D,Sanborn W B. Lead – free primary explosive composition and method of preparation[P]. 2010.

[61] Fronabarger J W,Williams M D,Sanborn W B,Bragg J G,Parrish D A,Bichayc M. DBX – 1 – a lead free replacement for lead azide[J]. Propellants,Explosives,Pyrotechnics,2011 (31):541 – 550.

[62] Guoxiang L,Changying W. Comprehensive study on electric spark sensitivity of ignitable gases and explosive powders[J]. Journal of Electrostatics,1982,10(3):341 – 341.

[63] Ghosh M,Banerjee S,Shafeeuulla Khan M A,et al. Understanding metastable phase transformation during crystallization of RDX,HMX and CL – 20:experimental and DFT studies [J]. Physical Chemistry Chemical Physics Pccp,2016,18(34):23554 – 23571.

[64] Garner W E,Gomm A S. The thermal decomposition and detonation of lead azide crystals [J]. Journal of the Chemical Society,1931:2123 – 2134.

[65] Geisberger G,Klapötke T M,Stierstorfer J. Copper bis(1 – methyl – 5 – nitriminotetrazolate):A promising new primary explosive[J]. European Journal of Inorganic Chemistry,2007:4743 – 4750.

[66] Gilligan W H, Kamlet M J. Synthesis of mercurie 5 – ni – trote – trazole[R]. AD – A036086,NSWC/WOL/TR 76 – 146. 9,Dec. 1976.

[67] Hariharanath B,Chandrabhanu K S,Rajendran A G,et al. Detonator using nickel hydrazine nitrate as primary explosive[J]. Defence Science Journal,2006,56(3):383 – 389.

[68] Huynh M H, Hiskey M A, Meyer T J, et al. Green primaries: environmentally friendly energetic complexes[J]. Proceedings of the National Academy of Sciences of the United States of America,2006,103(14):5409 – 5412.

[69] Helmut H,Herbert B. Initiating explosive[M]. Germany:Springer,2014.

[70] John Fronabarger,Alex Schuman,Chapman R D,et al. Chemistry and development of BNCP, a novel DDT exploesive[C]. International Symposium Energetie Materials Technology, Florida,USA,1994.

[71] Jianguo Z,Tonglai Z. Morphology Control and Its Influence on the DecompositionBehavior and Sensitivity of KDNBF[J]. Acta Physico – Chimica Sinica,2010,26(10):2613 – 2618.

[72] Liberman M A,Ivanov M F,Kiverin A D,et al. Deflagration – to – Detonation Transition in Highly Reactive Combustible Mixtures[J]. Acta Astronautica,2010,67(7):688 – 701.

[73] Lianmeng L,Aimin Y,Tonglai Z,et al. Studies on plain detonator of GTG primary explosive [J]. Explosive Materials,2004,33(4):16 – 20.

[74] Mehta N,Oyler K,Cheng G,et al. Primary explosives[J]. Zeitschrift für anorganische und allgemeine Chemie,2014(640):1309 – 1313.

[75] Shunguan Z,Youchen W,Wenyi Z,et al. Evaluation of a new primary explosive: nickel hydrazine nitrate(NHN) complex[J]. Propellants,explosives,pyrotechnics,1997,22(6): 317 – 320.

[76] Ramaswamy C P. High temperature stable,low input energy primer,detonator[P]. 1996.

[77] Roux M, Auzanneau M, Brassy C. Electric spark and esd sensitivity of reactive solids (primary or secondary explosive,propellant,pyrotechnics) part one:Experimental results and reflection factors for sensitivity test optimization[J]. Propellants, Explosives, Pyrotechnics, 1993,18(6):317 – 324.

[78] Stefan Bräse,Gil C,Knepper K,et al. Organic Azides:An Exploding Diversity of a Unique Class of Compounds[J]. Angewandte Chemie International Edition,2005,44(33):5188 – 5240.

[79] Sharp R E,Moser C C,Gibney B R,et al. Primary Steps in the Energy Conversion Reaction of the Cytochrome bc_ 1 Complex QO Site[J]. Journal of Bioenergetics & Biomembranes, 1999,31(3):225 – 234.

[80] Tao G H,Parrish D A,Shreeve J M. Nitrogen – rich 5 – (1 – methylhydrazinyl) tetrazole and its copper and silver complexes[J]. Inorganic Chemistry,2012(51):5305 – 5312.

[81] Talawar M B, Jangid S K, Nath T, et al. New directions in the science and technology of advanced sheet explosive formulations and the key energetic materials used in the processing of sheet explosives:Emerging trends[J]. Journal of Hazardous Materials,2015(300):307 – 321.

[82] Urbelis J H, Swift J A. Solvent Effects on the Growth Morphology and Phase Purity of CL-20 [J]. Crystal Growth & Design, 2014, 14(4):1642-1649.

[83] Vyazovkin S. Modification of the integral isoconversional method to account for variation in the activation energy[J]. Journal of Computational Chemistry, 2001, 22(2):178-183.

[84] Vyazovkin S. Evaluation of activation energy of thermally stimulated solid-state reactions under arbitrary variation of temperature[J]. Journal of Computational Chemistry, 1997, 18(3):393-402.

[85] Shaozong W, TongLai Z, Yuanhua S, et al. Synthesis, structural analysis and sensitivity properties of RbDNBF[J]. Energetic Materials, 2005, 13(6):371-374.

[86] Zhaorong W, Tonglai Z, Chunhua, L. et al. A study of preparation and molecular structure of [Cd(NH_2NHCONHNH_2)](ClO_4)[J]. Chinese Journal of Inorganic Chemistry, 1999, 15(4):482-486.

[87] Zeman S. New aspects of initiation reactivities of energetic materials demonstrated on nitramines[J]. Journal of Hazardous Materials, 2006, 132(2-3):155-164.

[88] Zhai J, Wang Y. Status and Development of DDNP Wastewater Treatment[C]. International Symposium on Environmental Science & Technology, 2013.